高等教育建筑类专业系列教材

建筑师与规划师职业教育（第2版）

主编　朱贵祥

主审　李　奇　罗小乐

重庆大学出版社

内容提要

本书系统地讲解了建筑师与城市规划师的职业发展和特性、基本建设程序和职业操守、职业资格注册制度，以及成为一名职业建筑师与城市规划师所必须具备的技巧和应受的教育。

本书主要针对建筑学和城乡规划专业即将步入职场的高年级学生进行职业教育，能够更好地帮助学生毕业后更快地进入角色，也是考虑进入建筑行业的人的必备手册。

图书在版编目（CIP）数据

建筑师与规划师职业教育／朱贵祥主编. -- 2 版
. -- 重庆：重庆大学出版社，2023.1
高等教育建筑类专业系列教材
ISBN 978-7-5689-3174-8

Ⅰ．①建…　Ⅱ．①朱…　Ⅲ．①建筑工程—高等学校—
教材　Ⅳ．①TU

中国版本图书馆 CIP 数据核字（2022）第 035436 号

高等教育建筑类专业系列教材
建筑师与规划师职业教育
JIANZHUSHI YU GUIHUASHI ZHIYE JIAOYU
（第 2 版）

主　编　朱贵祥
主　审　李　奇　罗小乐

责任编辑：王　婷　　版式设计：王　婷
责任校对：邹　忌　　责任印制：赵　晟

*

重庆大学出版社出版发行
出版人：饶帮华
社址：重庆市沙坪坝区大学城西路 21 号
邮编：401331
电话：（023）88617190　88617185（中小学）
传真：（023）88617186　88617166
网址：http://www.cqup.com.cn
邮箱：fxk@ cqup.com.cn（营销中心）
全国新华书店经销
重庆巍承印务有限公司印刷

*

开本：787mm×1092mm　1/16　印张：11.75　字数：302 千
2023 年 1 月第 2 版　　2023 年 1 月第 4 次印刷
ISBN 978-7-5689-3174-8　定价：39.00 元

第 2 版前言

近几年,建筑与城乡规划行业发生了重大变革,包括注册制度的调整、技术手段的更新、国土空间规划的推行等,这些都对建筑师和城乡规划师的执业提出了新要求。建筑师和城乡规划师作为专门的职业有其特殊性,因为其专业性较强,所以非专业人员很难介入,这也导致其从业门槛较高。通常,成为一名建筑师和城乡规划师都需要接受严格的专业教育和长期的实践训练,但是从学习者到从业者无法做到"无缝衔接",目前普遍的做法是进行职业教育。这是我们编写此书的主要初衷,也是此次修编再版的主要原因。此书第一版出版后得到了一部分院校师生的接受和认可,这给我们修编再版带来了很大的动力和激励,在此表示感谢。

一名合格的建筑师或城乡规划师,除了要具备良好的专业能力外,还应了解所从事职业的特性和发展变化以及当前市场和行业的管理制度,并具有一定的自我学习、设计管理和行业认知的能力,才能满足建筑师与城乡规划师职业化工作的需求。对正在参加专业学习的在校学生和刚毕业参加工作的毕业生来说,由于只掌握专业基础知识和概念性方案设计能力,缺少实际工程项目的训练,缺乏实践经验和认知,因此在步入行业之初会遇到很多问题,很难快速融入工作之中。为此,我们再次修编此书,力求对书中原有内容进行精简优化,结合行业动态对内容进行补充,更好地帮助在专业学习阶段的学生了解职业概况,为走向工作岗位打好基础,帮助学生在实习工作中较快上手,更好地进行职业化转变,更快地成为一名合格的职业建筑师与城乡规划师。

本书第 2 版共分 7 章。第 1 章为概述:从宏观角度介绍建筑师和城乡规划师的职责由来、工作内容、权利义务以及职业道德规范;第 2 章为建筑师与城乡规划师职业发展概况:主要介绍国内外的建筑师与城乡规划师的职业发展概况与工作环境;第 3 章为建筑师与城乡规划师教育:主要介绍建筑学和城乡规划专业的学习路线及必备的专业素养;第 4 章为建筑师与城乡规划师的职业特性:介绍建筑师和城乡规划师职业的主要工作内容和工作特点;第 5 章为基本建设程序:介绍实际工作中工程项目开展的各阶段及各阶段的重点内容;第 6 章为职业操守:介绍建筑师与城乡规划师在执业过程中应具备的职业操守;第7章为职业资格注册:介绍职业资格注册概况、制度和考试的要求。

本书第2版出版得益于重庆大学出版社王婷老师的大力支持和重庆城市科技学院建筑学院领导和同事的关心与指导,在此表示感谢。同时感谢各位参编同仁的努力和付出。在编写过程中参考了许多专家、学者的著作及相关文献,在此表示衷心致谢。

本书由重庆大学城市科技学院建筑学院组织编写,由朱贵祥担任主编,李奇、罗小乐担任主审。各章主要编写人员分工如下:

第1章和第3章　朱贵祥

第2章　付坤林

第4章　杨龙龙

第6章　施竹芳

第5章和第7章　张庆秋

统稿:朱贵祥

由于编者水平有限,书中难免存在不足之处,敬请广大读者批评指正,不吝赐教。

编　者

2022 年 7 月

目　　录

1 概述

　　建筑师、城乡规划师的工作对象是建筑、城市以及相关的自然、人工环境,因此可以说其职责即是规划和设计人类物质世界的秩序。在社会发展和城市演变过程中,建筑师与城乡规划师扮演着十分重要的角色。国际建筑师协会(Union International of Architectes,中文简称国际建协,英文简称 UIA)在章程中要求其成员"以最高的职业道德和规范,赢得和保持公众对建筑师诚实和能力的信任;强调与质量和可持续发展、文化和社会价值相关的建筑功能与公众的关系;通过重建遭到毁坏的城市和乡村,更有效地改善人类居住条件;更好地理解不同的人群和民族,为实现人类物质和精神的追求而继续奋斗;促进人类社会进步,维护和平,反对战争"。这是对职业建筑师及城乡规划师职能的高度概括。

1.1　建筑师概述

　　建筑师(Architect)的工作涉及诸多环节与部门。建筑师通过与工程投资方和施工方的合作,实现建筑物的营造,并使其在技术、经济、功能和造型上达到最大的合理性。

　　一名合格的建筑师,除了应具备良好的设计业务能力外,还应了解建筑市场和管理制度,并具有一定的建筑设计管理和工程管理能力,以满足建筑师职业化工作的需求。

　　建筑师所从事的建筑设计既要满足人们在视觉与心理上对美的追求,还要在技术与经济层面上将建筑付诸实践——这要求建筑师在更高层次上

思考问题,保证既要所采用的设计形式结合历史文脉,又要努力倡导人居环境的公平和可持续发展,还要在其设计中体现社会发展和时代风貌。同时,建筑师的设计还必须获得投资方的赞同。建筑师通常为建筑投资方所雇佣,并对整个建筑工程进行规划设计与协调管理。在当代日益复杂的建筑营造环境中,建筑师越来越多地扮演了一个在建筑投资方和专业设计方及施工方之间开展沟通协调的角色。可以说,建筑师既是人造环境的设计者,也是建造过程中的协调者。

1.1.1 中国建筑师的由来及变迁

谈到建筑师,首先要说建筑师的身份,建筑师的身份认定是建筑制度形成的重要部分。中国近代史上,建筑师由传统工匠向现代专业技术人员身份的转变反映了中国建筑由传统向现代转型的历程和特征,为"建筑是科学"的观念在近代中国的确立发挥了重要作用,也有助于我们理解"建筑师"这一身份的现代含义并反思其在当代中国的职业现状。

纵观近代中国建筑师职业化的过程,从所涉及的国民政府发布的相关制度条文以及引起的身份认证的反馈可以看出,注册建筑师制度在建筑业现代转型历程中,对建筑师主体逐渐摆脱传统工匠性质的局限而走上专业化、科学化道路起到了推进作用。中国建筑师职业化的具体演变历程经历了以下几个过程:

(1)自发期

中国传统的建筑营建体系是以大匠、栋梁为核心的工匠来承包建造体系,因此,建造活动中只有业主和施工者两方,而没有作为第三方职业建筑师的存在。当然,并非完全没有设计师的存在,通常设计师还是作为施工方的技术力量和管理力量,全面规划运营整个建造过程,控制时间、造价、质量等。

在这种没有职业建筑师作为第三方的技术监管而存在和技术、专业信息严重不对称的情况下,业主很难把握建造的时间进度和造价成本。因此,官方业主就专门雇佣专业技术工匠组成工程部、营缮部,以克服专业知识和信息的障碍,实现建造计划、设计、监管,同时制定了专门的控制造价规范,以便政府控制预算和成本。宋《营造法式》和清《工部工程做法则例》可以说是这种规范的集大成者,而李诫、"样式雷"等则是工程官员的代表。与官方充裕的人才和政策资源相比,民间的营建活动则是处在业主相对无法精确控制的工匠卖方市场,这也是中国传统建筑形制单一而加工繁复的制度化产物。

(2)移植期

西方近代资本主义的发展带来建筑业的兴隆,由此催生出现代意义的执业建筑师及其职业教育。因此,在西方语境中是先有建筑师和建筑师协会,而后才有职业的建筑教育与建筑学,即由"业"到"学"。建筑师作为建造过程中的第三方力量,无疑是制约和蚕食传统营建业务的"侵入者",将不可避免地与建筑业和营建者发生冲突和对立,从而出现了"建筑师"和"建筑业"的对立和竞争。

1927年"上海市建筑师学会"成立,1928年更名为"中国建筑师学会"并出版会刊《中国建筑》。建筑师职业和行业协会的形成使得中国早期以学会为基础的建筑学得以确立。中国建筑师通过学习和移植,在中国建立了以"洋学"为主、以自由职业为体制的西方现代意义的建筑师职业、教育和行业组织,并在西化崇洋的风气中迅速确立了自己的社会地位和职业领域。

（3）转型期

1930 年,上海营造业 30 多人发起成立了以本土施工企业及供货商、工匠为主体的,以"业"为主的"上海市建筑协会",出版了《建筑月报》,并提出西方建筑材料和建筑体系的输入是"专务变本,自弃国粹",导致"自绝民生"。该协会提出了"建筑技术之革进,国货材料之提倡,职工教育之实施,工场制度之改良"的协会宗旨,并"盼营造家、建筑师、工程师、监工员及建筑材料商等踊跃参加"。

此时的首要变化是正规的西方职业建筑师大量出现,中国近代建筑整体风格由殖民地式向西方古典主义演变。西方第二代来华建筑师的历史作用主要表现在将西方古典主义风格和钢筋混凝土结构等建筑技术导入中国,形成风格和技术的过渡时期。此时,租界内建筑师事务所制基本确立,建筑师的来源有:出身于外国建筑师事务所或建筑设计、工程建设机构,如周惠南;早期清政府派遣留学生中兼修建筑者,如沈琪;中国早期近代工科高等教育培养出来的技术人员,如孙支厦。同时,中国建筑师也开始介入建筑设计领域。

（4）停滞期

由于战争原因,20 世纪 30 年代后期西方的建设模式进入停滞状态,在此期间,中国建筑的新生力量升腾而起。20 世纪 40 年代初,留学欧洲的中国学生陈占祥、邓观宜、王大宏等归国,带回了西方现代主义建筑和城乡规划思想;中国东北大学和中央大学早期毕业生张开济在战争时期也开始了独立工作。

（5）成长期

20 世纪前期,中国的西方建筑师在数量和作品风格上仍居于主导位置,留学生学成回国,成为重要的一代建筑师队伍。例如,基泰和华盖等大型事务所的出现,表明国内建筑设计行业已具有相当的实力。但中国建筑师的登场改变了由外国洋行垄断的建筑设计局面,出现中国近代建筑师创作的黄金时期。中国建筑师还创办了近代建筑学教育,开始了系统的中国古代建筑研究,并成立了建筑学术团体,初步完善了中国近代建筑体系。

20 世纪 50 年代,北京成立了代表国家意志的建筑师行业组织"建筑学会",它是以西学为主导的学会,既非自由职业的第三方协调、监管力量,也非本土建造业的业界组织,在形式上和话语权利上保留了西方现代建筑师的特征。

（6）成型期

1992 年中国开始进行建筑职业化教育;1994 年试行、1995 年开始正式实施了职业建筑师注册考试制度;1997 年试行、1999 年元旦开始正式实行了注册建筑师制度,使建筑师在职业教育、职业考试、职业注册、职业立法等一系列的活动之后,具有垄断独占的名称和职业领域,得到了社会的正式认可。

1995 年,我国颁布了《中华人民共和国注册建筑师条例》,正式承认并实施了国际通行的建筑师资格注册制度,规定了建筑师的职业、资格和权利义务,标志着职业建筑师制度在中国建立。

但是对比前述国外建筑师协会的活动和规范,我国的注册建筑师行业在组织和作用上仍是建筑学会的一个下级支部,对建筑师职能的详细规定和对权利义务的研究界定还远未展开,故中国职业建筑师的体制建设还未完成。

目前,科学技术日新月异,各国间的交流也日益密切,建筑风格的演变越来越体现出中西融合的特征。毫无疑问,中国在这个潮流中必须不断地学习和创新,才能获得自己的一席之地。

1.1.2 建筑师的职能范围和工作内容

1) 建筑师的职能范畴

国际建协（UIA）章程在"宗旨和职能"一节里强调："国际建协要求其成员以最高的职业道德和规范赢得和保持公众对建筑师诚实和能力的信任；强调质量和可持续发展、文化和社会价值相关的建筑功能与公众的关系；通过重建遭到毁坏的城市和乡村，更有效地改善人类居住条件；更好地理解不同的人群和民族，为实现人类物质和精神的追求而继续奋斗；促进人类社会进步，维护和平，反对战争。"这是对职业建筑师职能与能力的概括。

联合国产品分类目录（1991年版）对职业建筑师的职能定义和服务范围作了全面的概括，其中涉及建筑服务、咨询和设计前期服务、建筑设计服务、项目合同管理服务、建筑设计和项目合同管理组合服务、其他建筑服务等。根据产业的划分及世界贸易组织关于建筑业的定义，一般分成建造建设和建筑学两个不同而又相互重叠的部分，即建造及其相关的设计服务、建筑与工程设计服务。其中，世界贸易组织又将建筑与工程设计服务分为四类，与联合产品分类目录相对应，分别为：建筑服务、工程设计服务、综合工程设计服务、城市规划和景观建筑服务。

建筑的生产活动发展到今天已经成为一项复杂的、体系化的活动（图1.1），它涉及诸多专业人员，也涉及上至社会公共效益、下至个人个体利益，需要对国家、社会、城市有概括性的理解与把握，需要尊重历史，遵守基本的建筑设计原则，还需要精准的建造、客观的评价等。然而，建筑师的工作绝不是个人的表演，而是一个要在整个设计团队中不断交换想法的过程。正是这些想法丰富了整个设计过程，使建筑尽可能地满足各方面的要求与利益。作为建筑的设计者，建筑师需要了解建筑的各个生产环节，才能使设计具有存在的合理性与施工的可行性。

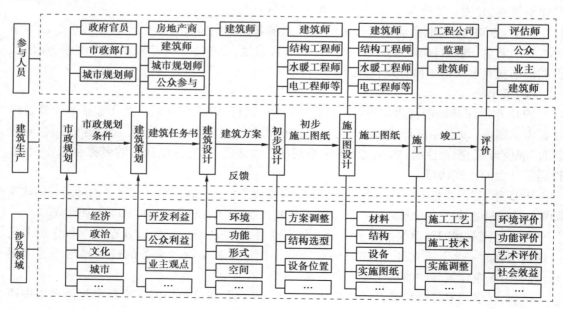

图 1.1 建筑师的职能及其在整个建筑生产中的工作内容

建筑师的职能也不是一成不变的,每个时代按不同的要求对建筑师提出不同的任务已属必然。建筑师历史地位演变到今天,已经开始要求建筑师在满足人们不断变化的需要的同时,担负更多的社会责任。建筑不仅仅是建造,建筑还要延伸到思想领域,表达其所处时代的面貌,而作为当代的建筑师,更要使自己的作品反映现代人的生活样貌。

今天人们的生活已经变得前所未有地丰富,文化元素的转换周期也在加快。所以,建筑师在执业中所要关心的内容也就远远超出了传统的功能、技术、材料和美学等因素,而开始借鉴一切人类的知识。当今的建筑学已经成为一种多元开放的体系,不仅仅是技术与艺术,哲学领域的结构主义、解构主义、现象学、符号学,科技领域的生态技术、计算机虚拟仿真技术和人工智能技术,文化领域的后现代,社会科学领域的人类学、策划学、可持续发展理论等,也都已经走进建筑领域。

2) 建筑师的工作内容

建筑学实践在广度上包括提供城镇规划,以及一栋或一群建筑的设计、建造、扩建、保护、重建或改建等方面的服务。这些专业性服务包括城乡规划、城市设计、策划研究、建筑设计、模型制作、图纸绘制、说明书及技术文件编制,对其他专业编制的技术文件做应有的适当协调,以及提供建筑经济、合同管理、施工监督与项目管理等服务。

此外,要弄清建筑师的工作内容,首先要明白怎样定义建筑师。如果仅仅将建筑师定义为建筑的设计者,那么这样的定义相对简单而且容易产生误导,误以为建筑师是一群纸上谈兵、不务实际的“幻想家”“艺术家”。事实上,建筑师的工作远远超过了一般大众所理解的单纯设计。建筑师的执业表现优劣,取决于其完成设计委托的能力,其所完成的设计不仅要创新、满足一定的规范、符合投资方的需求和期望,还要保证建设工期能准时完成、建筑造价控制在预算之内,并且掌握简单的建造技术,保证人力的有效分配,有计划地进行施工,确保建造出高标准的建筑。

一般来说,职业建筑师提供的基本服务主要有 5 个方面(称为基本工作内容):概念和方案设计、初步设计、施工文件、协助施工招标和评标、协助施工管理。这些基本工作内容本身还应满足工作流程的先后次序。另外,还有在这 5 方面之外的工作(都被称作附加工作内容),包括可行性研究、详细的造价概预算、室内设计、家具设计、装饰品设计、测绘古建筑等。除此之外,只要投资方有需要而建筑师愿意接受的工作,也都可列入建筑师的工作内容之中。

3) 甲方建筑师的诞生

虽然注册的职业建筑师进行建筑实践工作有国家和地区的差异,但在建筑师行业中,工作的基本框架和内容却是相似的。这在一定程度上保证了业主的经济利益和设计的质量,杜绝了行业中一些不道德和不规范的操作,让每个人在项目开发的不同层面上都有公平竞争的平台。这样的业界行规也是经历了长期的混乱和探索才逐步形成的,并且它还在不断完善中。

建筑师从来就是乙方,甲方建筑师是目前中国建筑设计行业不够完善的特殊状况下的产物。中国虽然有悠久的建筑文化历史,但到 20 世纪初建筑师始终是以工匠的身份出现在社会上,建筑设计作为一门学科还是在现代西方思想传入我国之后逐步建立起来的。在经历了“文化大革命”等特殊历史时期后,中国建筑设计行业逐步进入了历史上前所未有的活跃时期。但就目前发展情况来看,职业建筑师仍旧不情愿或没有能力面对需要管理的责任,这种责任也不被列入建筑师的工作内容中,甚至很多国内的建筑设计单位也不设置国外成熟的建筑师事务所必须设立的项目经理岗位,无法有效协调项目运行和磨合机制。造成这种状况是因为我国的建筑师教育模式一边倒地侧重于建筑设计阶段的艺术性表达,从而导致行业内普遍存在着这样一种看法——好的设计师不能很好地管理项目,而好的管理人员漠视好的设计艺术。这是不正确的,对建筑行业也是有所损害的,它否定了建筑师在建筑项目实施过程中对建筑设计意图的保证。

由于投资方对市场的把握不够充分、定位不准或项目前期的计划时间过短,通常概念和初步设计阶段被拉长了;这又使留给设计深化阶段的时间几乎浓缩到无;而由于时间紧、设计费低,经常出现施工文件中只有一摞简单得不能再简单的图纸,根本没有定义项目技术、材料、设备的文字说明文件;建筑师需要承担的"协助施工招标和评标"这项服务也缺失,对"施工管理"中的材料设备选型也没有发言权。然而,施工图的过于简单和施工队伍相对较弱的素质却又需要乙方建筑师在施工配合中付出巨大的工作量。

由此可见,"甲方建筑师"这种职业是中国建筑师行业不完善和地产业发展处于初级阶段的一种特有产物。虽然我国甲方建筑师的工作内容在前期项目策划上没有独特的一面,但在项目运行的协调上却可以说是弥补了目前我国的乙方建筑师所不能提供的服务内容。

1.1.3 建筑师的职业技能和能力要求

1999 年 6 月于北京召开的国际建筑师协会第 20 届代表大会上一致通过的"国际建筑师协会关于建筑实践中职业主义的推荐国际标准认同书"提出:"建筑师职业的成员应当恪守职业精神、品质和能力的标准,向社会贡献自己的为改善建筑环境以及社会福利与文化所不可缺少的专门和独特的技能。"

1)建筑师的职业技能

国际建筑师协会在关于建筑实践中职业主义的国际推荐标准中指出,建筑师所应具备的基础知识和技能包括:

①能够创作可满足美学和技术要求的建筑设计。

②有足够多的建筑学历史和理论知识,以及相关的艺术、技术和人文科学方面的知识。

③具有与建筑设计质量有关的美术知识。

④有足够多的城市设计与规划的知识和有关规划过程的技能。

⑤理解人与建筑、建筑与环境,以及建筑之间和建筑空间与人的需求和尺度的关系。

⑥对实现可持续发展环境的手段具有足够多的认知。

⑦理解建筑师职业和建筑师的社会作用,特别是在编制任务书时能考虑社会因素的作用。

⑧理解调查方法和为一项设计项目编制任务书的方法。

⑨理解结构设计、构造和与建筑物设计相关的工程问题。

⑩对建筑的物理问题和技术以及建筑功能有足够多的认知,可以为人们提供舒适的室内条件。

⑪有必要的设计能力,可以在造价因素和建筑规程的约束下满足建筑用户的要求。

⑫在对将设计构思转换为实际建筑物,将规划纳入总体规划过程中所涉及的工业、组织、法规和程序等方面要有足够多的知识。

⑬在项目资金、项目管理及成本控制方面有足够多的知识。

2）建筑师的职业精神特性

①专业性（Expertise）：建筑师通过教育、培训和经验，取得系统的知识、才能和理论。建筑教育、培训和考试的过程，向公众保证了当一名建筑师被聘用于完成职业任务时，该建筑师已符合完成该项服务的标准。

②独立性（Autonomy）：建筑师向业主或使用者提供专业服务，不受任何私利的支配。建筑师的责任是：坚持以知识为基础的专业判断分析，在追求建筑的艺术和科学方面，应优先于其他任何动机。

③公正性（Commitment）：建筑师在代表业主和社会所进行的工作中应具有高度的无私奉献精神。本职业成员有责任为其业主服务，并代表他们作出公平和无偏见的判断。

④责任性（Accountability）：建筑师应意识到自己的职责是向业主提出独立的（若有必要时，甚至是批评性的）建议，并且应意识到其工作对社会和环境所产生的影响。建筑师只承接在他们专业技术领域中受过教育、培训和有经验的职业服务工作。

3）优秀建筑师应具备的综合能力

建筑师要完成当代建筑行业的设计要求以满足当代人对建筑的使用和审美需求，只具备职业建筑师的基本专业知识与能力是远远不够的。那些已取得的专业技能只是建筑师被社会所认可的基础，作为一名合格的建筑师还应具有多方面的综合能力。优秀的建筑师往往通过理论学习和实践积累来提升自己的职业综合素养。

（1）建筑师的主观心态

①正确认识建筑师的职业属性。建筑师不是艺术家，建筑师的首要责任是服务社会，以自己的一专之才满足社会的需要，而不是仅仅追求个人价值的实现。建筑师不是理论家，对各种前卫建筑设计流派和时髦的主义和理论，建筑师可以了解，但不能将其视为工作核心。建筑师的首要职责不是夸夸其谈，而是踏实地去实现。

②敬业精神。敬业精神是职业建筑师所必备的条件。建筑师对自己的每一个项目都负有重大的责任。一方面要对业主负责，既要满足业主对建筑的使用要求，全面实现各项功能，也要尽可能满足业主对建筑的精神要求，协助业主用建筑语汇表达个人形象，传达生活方式。从另一个角度来说，任何建筑都会对整个城市环境、对人们的生活环境带来影响。任何建筑都不仅是个人的建筑，更应是社会的建筑。应充分尊重城乡规划，认真分析项目所处的地域环境，了解地方文化，才能使建成的作品与环境、与城市、与区域的社会经济文化相协调，这才是对社会负有责任的敬业态度，也是职业建筑师所应有的素质。

③不断学习的态度。建筑师需要学习的内容主要包括新兴的工程技术和材料知识。随着新技术新材料的开发与应用，从砖混结构、框架结构到钢结构，从石头、木材到钢和玻璃，建筑技术和材料的发展带来了建筑建造的一次次飞跃。建筑师要创新，就必须掌握新技术、新设计手段，建筑师必须不断地学习新知识，进行职业再教育，才能迎接新时代的挑战。

作为职业建筑师，足够的专业知识积累是必不可少的，这包括建筑技术方面的积累、建筑法规规范方面的积累、对国内外建筑作品的了解以及长期实践经验的积累。足够的长期积累才能使自己更加成熟，才能寻求到知识和创造力的平衡点。职业建筑师对新型设计手法的掌握也是必需的。不断掌握和运用新的设计手段，不断学习、理解相关标准、规范等都要求建筑师具备很强的学习能力。

④团结协作精神。建筑师个体与个体之间的合作精神体现在对项目的掌控和团队协作的能力上。建筑从设计到建造的复杂分工,使得严密的团队协作成为必需,涉及诸多不同专业人员的合作。而且即便是建筑设计本身,除去少数的小型项目外,都不是一个建筑师所能独自完成的。整个建筑生产的过程都是一个团队分工合作的过程。任何建筑作品的完成,必须是一个团队或设计小组的共同努力,团队或小组间的互相协调,对作品的成功至关重要。职业建筑师应该具有协调小组内不同专业人员的能力,以及在不同的设计过程中综合统筹与联系的能力,这决定着一个项目完成的效率和结果。

此外,建筑设计行业发展过程中需要不断进行结构调整,要求企业间合理协作。由于早期国内大多数综合型的中大型设计企业专业化程度不高,对同一工程项目过度分包,这使众多企业在同一平台进行不必要的竞争,也不利于专业技术水准的提高。近些年,国家政策也在逐渐鼓励建筑设计行业走专业化发展和工程 EPC 总承包的道路。在世界范围内,专业化设计已成为发展趋势。随着设计企业的专业化,公开协作是必然趋势。

(2)建筑师的专业技能

①作出正确决策的判断能力及将其贯彻下去的宏观控制能力。建筑设计的过程是从分析问题开始的。周边环境对建筑的约束条件、历史文化要素的影响、使用者的需求、项目的市场定位、建筑的性质和特征,这些都是建筑师必须纳入分析判断体系的影响因素,然后形成最初的设计构想。且在设计的全过程中逐步落实最初的构想,这些则取决于设计师的宏观控制能力。

职业建筑师应利用自己的知识,客观地、理性地分析建筑设计方案的可行性,合理地引导方案的走势,这也是职业建筑师所应具备的基本素质。一个拥有正确价值取向的职业建筑师给社会带来的不仅仅是土地和能源的节约,还能为社会节约资金,这样才能创作出适合本地域并提升本地区文化和环境品位的作品。这需要职业建筑师具有敏锐的判断力、成熟经验的积累以及一种对社会负责的态度。

②具备足够的专业知识积累。包括建筑技术方面知识的积累、建筑法规规范知识的积累、对于国内外建筑作品的了解以及长期实践经验的积累。"不积跬步,无以至千里",积累是建筑师必不可少的过程。积累的实现也来自对生活点滴事情的关注。据说中国建筑第一人梁思成先生,去中南海开会还随身携带卷尺,遇见坐着舒服的沙发,他就拿出卷尺来量一量尺寸。对很多建筑师而言,关注生活中的建筑现象和细节已经成为一种职业习惯。

③对城市空间尺度、建筑群空间尺度的把握。对建筑师来说,对城市和建筑群空间尺度的把握能力是比较高级的专业能力要求。不具备这一能力的建筑师可能永远只能停留在建筑小品的创作层面上,或者是给城市留下一些大而无用的空间和建筑群。

④审美素质和造型能力。"坚固、实用、美观"是维特鲁威提出的最早判断建筑优劣的标准。能够判断美观与否的审美素养是成为一个优秀建筑师的必要条件,而审美素养中尤为重要的是宏观造型能力。缺乏审美素养的设计人员,与其说是建筑师,不如说是工程师。

⑤对建筑构件在空间和形象表现上的预知。人们使用的是建筑物的空间,而建筑空间本身是由一系列不同功能和尺寸的构件组合而成的。构件是建筑和人交流的最直接的途径,极大地影响了人对空间的感受和对建筑的认知。

⑥对建筑功能的综合解决能力。包括建筑内部功能布置和建筑群体中的场地设计和流

线组织两个方面。具体来说包括：建筑内部的水平和垂直交通、各使用空间的排布和组合、建筑物和城市道路周边环境的衔接、地面地下停车的组织、各建筑物间的协调关系等。这些功能问题的解决，既需要建筑师的专业技能，也需要深入学习和了解相应建筑的运转规律。

⑦对使用者的关注和了解。不同地区、不同民族、不同行业、不同年龄的人对同类建筑会有不同的需求，建筑师必须关注这些差异，并提出有针对性的设计方案。这需要建筑师有丰富而准确的生活体验，善于和使用者沟通，并对各种社会现象进行积极思考，而这往往比设计本身更重要。

⑧表达和沟通能力。建筑师的建筑表达能力，是指将自己对空间和形态的设想用图的形式反映成为具体的形象，这是建筑师的基本功。而良好的思想交流能力有助于理解业主的需求，提供更好的服务，同时交流过程中的充分表达也利于建筑师自身思想的实现。

⑨组织协调能力。建筑设计是一个分工协作的复杂过程，历史上著名建筑的设计通常历时数十年至上百年。在建筑从策划、设计到施工、验收使用的漫长过程中，建筑师对外联系着审批者、投资者和建造者，对内协调着结构、水、暖、电各工种，起着核心枢纽的作用。

建筑师不但要组织各类人员的协同工作，还必须协调众人之间不可避免的矛盾。使用者追求高标准和投资方追求低造价之间的矛盾，高质量设计所需时间和甲方缩短设计周期要求之间的矛盾，建筑造型变化与结构简洁实用之间的矛盾等，这些都使建筑师的责任远远超出设计本身。总之，建筑设计过程就是化解矛盾的过程，建筑师必须具备分析问题、协调矛盾的能力。

⑩应对市场需求的能力。正确地理解市场需求，向市场学习，也是职业建筑师执业的一个基本能力。改革开放以来，建筑业的市场化日趋成熟与完善，市场与建筑密切相连是不容回避的话题。职业建筑师必须面对市场的需求，不能满足不断变化的市场需求就要被淘汰，就不能成为一名合格的职业建筑师。市场是建筑设计师最好的老师，能否有效吸收和学习有用的市场信息，对建筑师思维的敏锐程度和专业判断力提出了较高的要求。建筑师需要了解市场，了解市场的运行模式，积极地适应市场规则，并站在专业的立场上引导市场的走向。

1.1.4　建筑师的责任、权利和义务

1998年，国际建筑师协会职业实践委员会通过了《关于道德标准的推荐导则》，作为其会员的精神和行为约束。导则提出了建筑师的职业标准：职业建筑师是为改善建筑环境、社会福利及文化，掌握专门和独特技能，并恪守职业精神、品质和能力的群体。职业精神，就是对个体职业所承担的社会责任的尊重，其核心是全力承担社会责任的生命境界。设计师对本职业的延续和发展、对公众造福负有责任，对业主、用户和形成建造环境的建筑业负有责任，对建筑艺术和科学负有责任。

1)建筑师的社会责任

(1)保护和节约资源能源，引导城市人居空间又好又快发展

改革开放以来，随着我国城市化进程的加快推进以及城市建设的蓬勃发展，给建筑师带来了前所未有的展示才华的舞台和创作空间。而建筑师有责任将国家的政策导向和社会主流价值取向充分体现在建筑设计中，通过建筑设计，保护和节约资源能源，引导城市人居空间又好又快地发展。

（2）对建筑设计产品终身负责

建筑师要严格执行强制性标准规范,对城市安全和人民群众生命财产安全负责。例如2006年,一家英国设计公司到武汉,对他们一百年前设计的建筑进行回访,这就表现了其高度的社会责任感。建筑师对建筑产品终身负责,这是极其重要的社会责任。

（3）树立为社会大多数人服务的意识

我国还是一个发展中国家,富人和高收入者还是少数,大多数人还处于中低收入水平,其经济承受能力有限。再者,崇尚节约、反对浪费是社会的主流价值观。建筑师是知识分子和社会精英,要担负起社会责任,就应树立为社会大多数人服务的公众意识,不能单纯为了利益而创作,而是要为广大人民群众提供设计服务,为公益性建设、新农村建设服务。

（4）要有独立的人格,不屈从于权和利

优秀建筑师应成为城市人居环境的"良心",要有独立的人格,敢讲真话。现在很多开发商已经形成了自己的开发理念,体现了很浓的人文精神和社会价值追求,已自觉地成为城市建设的推动者,为城市人居空间提供了很多很好的建筑产品,为城市更新和发展作出了独特的贡献。但是,也有个别开发商和业主单位,不顾大局,唯利是图,擅自变更已经批准的规划,开发建设的房屋影响环境,不讲文化,破坏历史,损害人民群众的利益。特别是一些地方不顾国情和财力,热衷于搞不切实际的"政绩工程""形象工程",不注重节约资源能源,片面追求建筑外形,忽视使用功能、内在品质与经济合理等内涵的要求,忽视地方特色和历史文化,忽视与自然环境的协调。对这种行为,建筑师要敢于谴责和抵制,要把净化美化城市人居空间、传承历史文化和维护社会公众利益的责任义不容辞地承担起来。

（5）担当起城市建设的推手责任

所谓"推手"之责,就是在城市建设、建筑设计中,有责任使城市更宜居,使建筑更人性化。改革开放30多年的发展,我们的城市发生了日新月异的变化,特别是现代建筑,颠覆了老百姓的传统认知:原来建筑不仅仅是四合院、排排房、整齐划一的房子,它也可以是几百米高、不规则几何形的、非对称的,甚至外形可能是非线性的。

但是,随着经济的发展,人们不再满足城市越大越好,建筑越高越多越好,人们更渴望回归建筑本来的样貌和属性。因此,体现地域特色,遵从历史文脉,保护生态环境,更好体现人居需要的城市和建筑就成为正确的工作方向和主要任务,自然落到建筑师的身上。

（6）担当起影响社会的责任

所谓"影响社会"之责,首要的是影响城市的领导者和投资者,因为他们是城市建设的决策者和投资商,他们的价值取向、审美取向决定了一座城市、一栋建筑的形象。只有引导并提高二者的建筑文化素质,我们的城市形象才会更加美好、更加文明。建筑师作为专业人士有责任积极引导和影响社会的发展建设方向。

（7）担当起普及建筑文化知识的责任

所谓"普及建筑文化知识"之责,其根本目的是提高全社会对建筑文化知识的了解和认识。建筑师要提高自身的建筑理论水平和建筑文化素养,只有建筑师自身具有增强普及建筑文化知识的意识和能力,才能担当起普及先进建筑文化知识的重任。

2）建筑师的义务

《关于道德标准的推荐导则》对建筑师总的义务作了约定:维持和提高自身的建筑艺术和科学知识,尊重建筑学的集体成就,在建筑艺术和科学的追求中首先保证以学术为基础,并对职业判断不妥协。建筑师要提高职业知识和技能,并维持职业能力;要不断提高美学、教育、研究、培训和实践的标准;要推进相关行业,为建筑业的知识和技能做出贡献,其基本义务包括:

(1)建筑师对公众的义务

遵守法律,并全面地考虑到职业活动对社会和环境的影响。建筑师要尊重、保护自然与文化遗产,努力改善环境与生活质量,注意保护建筑产品的所有使用者的物质与文化权益;在职业活动中不能以欺骗或虚假的方式推销自己;营业风格不能扰乱他人;遵守法规和条例;遵守为其服务的国家的道德与行为规范;适当地参与公共活动,向公众解释建筑问题。

(2)建筑师对业主的义务

忠诚地、自觉地执业,合理地考虑技术和标准,作出无成见和无偏见的判断;学术性和职业性的判断应优先于其他任何动机。建筑师在承接业务前应有足以完成业主要求的经济和技术支持;要全身心地投入工作;要在约定的合理时间内完成业务;要把工作进展及影响质量和成本的情况告知业主;要对自己作出的意见承担责任,并只从事自己技术领域内的职业工作;在接受业主委托前写明自己不能承担的工作,特别是工作范围、责任分工和限制、收费数量和方式、终止业务条件;对业主的事务保密等方面;要向业主、承包商解释清楚可能产生利益冲突的问题,保证各方的合法利益和各方合同的正常实施。

(3)建筑师对职业的义务

维护职业的尊严和品质,尊重他人的合法权利和利益。建筑师要诚实、公正地从事职业活动;已从注册名单中除名者或被公认的建筑师组织排除者不应吸收作为合伙人或经理;要通过行动提高职业尊严和品质,雇员也应以此为标准,以免损害公众利益。

(4)建筑师对同业(行)的义务

尊重同行,承认同行的职业期望、贡献和工作成果,有义务对行业的发展作出贡献。建筑师不应有种族、宗教、健康、婚姻和性别上的歧视;不能采用未授权的设计概念,尊重知识产权;不能行贿;不能提前报价;不能以不正当的手段挖取别人已接受委托的项目,否认他人的工作成就等。

可以说,国际建筑师协会职业实践委员提出的这个建筑师职业的"推荐导则"应该是非常全面的。建筑师的职业责任是重大的,从小的方面说关系到使用者的舒适程度,从大的方面说关系到生命安全和社会政治经济发展,甚至可能关系到人类生存环境和人类的可持续发展。建筑师需要有崇高的职业道德,要勇于担负起社会、国家的责任。对社会负责任是身为建筑师最基本的义务,具体体现在以下三个方面:

首先,任何一栋建筑在建成过程中都需要消耗大量的社会资源,如果不能很好地对待几百万甚至上亿的建设投入,那将是对社会资源最大的浪费。

其次,有别于艺术家作品。建筑设计最大的特点就是强迫接受性,一旦建成,整个社会都是它的受众,除了直接的使用者外,它同样也会影响每天的过往行人。

再次,建筑对整个环境的影响也很大,城市的土地资源有限,而建成的建筑却至少有50年的使用年限,这将长期占用土地资源。

综上所述,建筑师是社会化的职业,是社会秩序的创造者和参与者,因此有义务以严谨的态度对待工作,每一项递交的作品都必须经过全面的思考。

1.1.5 建筑师的职业道德和自身修养

1) 建筑师的职业道德

作为建筑师,理想和职业道德,二者缺一不可,且职业道德尤为重要。

作为一名职业建筑师,职业道德的核心在于修养和责任,这二者在其执业过程中在共同起作用。建筑是一个高投入的行业,每个建筑建成后都要在世界上存在且被使用很长的时间,在城市的演变过程中,建筑师扮演着十分重要的角色,所以责任感对建筑师来说是非常重要的。同时,社会对建筑师的价值和行业的评价也出现了极大的变化,这种变化必将促使建筑师不断提高自身的修养,除了艺术修养、文化修养外,更应提高建筑师的专业修养和责任心。

2) 建筑师的职业素养

建筑师的素养,既包括他的专业技能,也包括他的创作哲理和他的人品、合作精神,这三者都一样重要。一个成功的建筑师,勤奋、才能、人品、机遇是缺一不可的:勤奋是要努力工作,刻苦学习,向书本学,向别人学,还要结合建筑专业的特点去学;才能既包括理论知识和设计技能,也包括建筑设计的思维方法和创作哲理;人品是做人的守则和职业道德;而必须要靠平时的积累和创造,在关键时刻才能抓住机遇。

美国建筑师协会指出,作为职业的建筑师必须具有以下两种素质:

①作为行业专家的专业技能和职业技巧。

②作为社会公正和公平维护者的诚信和责任感。

3) 建筑师的自我修养

要讨论建筑师的修养,首先要弄清楚建筑师的使命、职责及语言。使命是建筑师对社会、团体或个人作出的承诺,即责任;职责是建筑师所承诺(合同即承诺)的专业服务内容或项目,即工作;语言是建筑师所提供的服务内容的产品,即设计。建筑师的修养便是通过这三个层面体现出来的。

建筑师的自我修养是永无止境的,需要一生不断地追求与探索。修养不是与生俱来的,而是在长期的工作实践中产生的;所以增进修养必须遵循"实践—认识—再实践—再认识"这样一条艰辛曲折的发展路径前进。

要做一名优秀的建筑师,就必须进行各方面的修养培养。首先要有深厚的理论修养,要具备寻找问题、分析问题并解决问题的修养,要有职业道德和责任心的修养,要有批评与自我批评的修养,要有脚踏实地的工作作风的修养,要有全局概念和解决局部问题的修养,要有与他人友善共处的修养,以及要有各类科学知识的修养等。

建筑师必须养成严谨的治学态度。建筑师不是纯粹的艺术家或文学家,建筑师必须首先是工程师,然后才是建筑师。建筑学是一门将社会学、宗教、心理学、哲学等主观意识通过空间、实体等手段,依据客观条件来满足使用功能的一门艺术,建筑师便是从事这门艺术的人。

建筑师进行自我修养的目的就是将自己锻炼成为一名优秀的职业建筑师。建筑师如果只有伟大而高尚的理想,而不能在工作中脚踏实地地将理论与实践相结合,那他将只是一个空想家、学究;相反,如果只有埋头苦干,而不注意自我修养,则将使自己沦为一个平庸无为的绘图员。只有将理论与实践结合起来,才能将自己锻炼成为一名具有社会责任感的优秀建筑师。

1.2 城乡规划师概述

城乡规划师是指通过全国注册城乡规划师统一考试,取得《城乡规划师执业资格证书》并经注册登记后,从事城乡规划编制、审批,城乡规划实施管理,城乡规划咨询等相关城乡规划业务工作的专业技术人员。

1999 年,依据《人事部、建设部关于印发〈注册城乡规划师执业资格制度暂行规定〉及〈注册城乡规划师执业资格认定办法〉的通知》(人发〔1999〕39 号),国家开始实施城乡规划师执业资格制度,该制度是中国建设业与国际接轨的重大举措。

2000 年 2 月,人事部、建设部下发了《人事部、建设部关于印发〈注册城乡规划师执业资格考试实施办法〉的通知》(人发〔2000〕20 号),2001 年 5 月人事部、建设部办公厅下发了《关于注册城乡规划师执业资格考试报名条件补充规定的通知》(人办发〔2001〕38 号)。

1.2.1 城乡规划师的职业发展

从中国城乡规划的发展历程来看,在计划经济时代,城乡规划是国民经济与社会发展计划在空间上的投影,也就是从技术层面上落实城市发展计划的一种手段。在这样的制度设计下,城乡规划更多是一种技术性的工作,规划的政策性无法体现。城乡规划师的社会角色比较单一,仅仅是规划编制者而并非规划的管理者,主要是落实政府的行政指令计划,并没有形成清晰独立的职业主体性。当时的城乡规划师并不需要去思考社会利益平衡之类的问题,只需要落实计划部门的项目安排即可。这样的职业角色自然导致城乡规划教育的重点是技能教育,突出的是城乡规划的工程技术特性。

从 20 世纪 90 年代开始,随着市场经济体制的逐步建立,城乡规划的社会功能也在逐步建立并体现。随着分权改革的深入,城乡规划成为地方政府进行城乡经营发展,提升城市竞争力的重要工具,城乡规划的社会地位日益提高。随着市民社会的涌现,以及私有产权拥有者的剧增,城乡规划通过调整空间关系可以重组社会利益关系,城乡规划不仅体现了社会不同阶层的利益诉求,也创造了城市与城乡、城市与乡村之间新的利益关系。城乡规划成为政府在城乡发展、建设和管理领域的公共政策和管理工具,其重点正在从工程技术转向公共政策,城乡规划师在城市发展问题上的话语权逐步增大。城乡规划社会功能的演变必然深刻地影响其职业的社会角色,并导致城乡规划师的角色分化。目前,中国城乡规划师的社会角色大体分为政府城乡规划师和职业城乡规划师。职业城乡规划师主要忙于完成设计任务,而政府城乡规划师主要参与规划管理、审核等行政工作。

1.2.2 城乡规划师的职能范畴和工作内容

1)城乡规划师的职能范畴

城乡规划师的职能范畴主要包括两个方面:规划设计编制,规划及相关活动的行政管理。前者主要指城乡规划师的主要职能是编制法定或非法定的相关规划设计,按规范要求完成各技术环节并通过审批。后者的职能范畴主要指按照城乡规划相关要求对城乡各项建设活动进行规划管理、行政审批和监督。

由此可见,城乡规划师的职能范畴较广,涉及规划前期编制和后期管理。这也说明了城乡规划师的职能很重要,且城乡规划行为具有很强的系统性。所以从宏观来看,城乡规划师的职能范畴贯穿了城乡规划建设的全部过程。

2)城乡规划师的工作内容

城乡规划是政府行为,必须依法行政。城乡规划师的工作职责是当好协调甲方或者开发商与民众之间利益的中间人。按工作内容,城乡规划师一般分为两种,从事规划管理工作的城乡规划师,即属于政府行政部门的城乡规划师;从事规划设计的城乡规划师,又可以分为设计院(公司)的城乡规划师或服务于专属企业的城乡规划师,主要负责规划方案的设计。

①政府部门的城乡规划师(规划管理部门的干部、公务员),主要负责组织各类规划的编制,组织审核上报的规划方案,组织实施城乡规划,负责核发"三证一书",提供建设准许条件并进行建设合法性核查,同时还负责规划公示、土地使用的监督检查等。

②规划设计单位的城乡规划师,也是大部分城乡规划师的代表,主要负责完成甲方委托的各项规划编制任务。

③服务于专属企业的城乡规划师,主要是指房地产开发公司内部的城乡规划师,主要负责与设计单位、规划项目审批部门(包括规划、建设、土地、消防、人防等)的沟通,提出设计要求和修改意见,确保项目以低成本、高效益的方式顺利通过审批,为公司赢得最大利润。

1.2.3　城乡规划师的职业定位和能力要求

当前职业城乡规划师具有多重职业身份,同时应具备多种能力:

1)作为设计者

但凡设计者,均有意图实现其个人的理念与价值,城乡规划师也不例外。从接到任务书,与甲方沟通,再到双方达成一致,经过调研、深入研究和分析思考,终于攻克规划中的难题时,城乡规划师都会由衷地感到喜悦和快乐。

实现个人理念和价值的过程,也是城乡规划师对于专业技能运用的过程,这本身取决于城乡规划师个人的专业知识积累与运用。城乡规划的编制应当与专业知识紧密结合,运用理论和分析手段解决实际问题,同时构造出优美且符合自己规划理念的方案,而应避免使规划方案成为城乡规划师的个人意图和美学的体现。

2)作为中国城乡规划师

城市本身是一个动态变化的体系,在人类摆脱蒙昧进入文明的过程中,人类文化与人类科学体系就在城市中间诞生并聚集。然而随着技术体系不断提升,城市发展所占用的资源不断增加,但文化系统却在不断衰落,城市遗产保护与城市发展成为对立关系。这种对传统、特色文化的破坏性发展行为必须得以终止。

城市的独特之处体现在其本身的文脉传承。在全球化大背景之下,如何保证充分的文化交流,同时保证城市本体特色不至于损失殆尽,对城乡规划师在文化、历史方面的积累提出更高的要求。这也是城乡规划师的职责之一,盲目媚外或者忽略文化底蕴的规划者对现存的城市文化具有危害性。

3)作为知识分子

城乡规划师作为知识分子,应当具有社会责任感。面对当前社会问题,规划作为一种宏观调控政策的手段,有实现社会公平,减缓贫富差距的责任。因此,作为有专业知识的城乡规划师,应尽可能利用技能履行这些职责。

1.2.4 城乡规划师的责任、权利和义务

伴随中国社会城市化进程的加快,城市建设越来越受到关注,城乡规划师也逐渐被赋予更多的责任与权利。国内学者将城乡规划师与地方政府、开发商与民众并列为四大规划利益主体之一,将城乡规划师列为城市建设的受益者。然而在实际的工作中,城乡规划师的工作却长期处于尴尬地位,有时被抨击为领导意志的服从者,有时又被树立为绝对技术决定论的代表。如何在各方评价中坚定立场,树立正确的职业定位,是一个城乡规划师是否成功的标准之一。

我国法律赋予城乡规划师的责任、权利与义务主要包括:

1)协调布局,统筹兼顾

《中华人民共和国城乡规划法》(以下简称《城乡规划法》)对城乡规划的任务作出了更为详细的规定。《城乡规划法》第一条指出,作为城乡规划总设计师的城乡规划师,具有协调空间布局、改善人居环境、促进城乡经济社会全面协调可持续发展的责任。《城乡规划编制办法》则给出了遵循城乡统筹、合理布局、节约土地、集约发展和先规划后建设的原则,提出了规划的强制性内容等。

2)满足相应资质

《城乡规划法》第二十四条对参与城乡规划编制单位的资质等级提出了要求,也对城乡规划编制所需要的技术装备、管理制度、相关人员等级作出了相应规定,对城乡规划师业务能力提出了要求。

3)接受监督,尊重公众意见

《城乡规划法》第九条规定,任何单位和个人都有权控告反城乡规划的行为。第二十六条要求编制机关应充分考虑专家和公众的意见,并在报送审批的材料中附具意见采纳情况及理由。

《城乡规划法》第二十六条规定,规划上报审批前,必须依法将草案予以公示,并召开听证会,听取公众意见。而第四十六条规定,修改已有规划,必须对应当修改的必要性进行论证。以上条文均要求城乡规划师应具备过硬的专业素质参与科学论证,同时在进行规划时也要接受规划主管部门的审查与监督。

1.2.5 城乡规划师的职业塑造

城乡规划是一门综合性、实用性的交叉学科,具有重要的公共政策属性。城乡规划中涉及的决策问题在本质上往往是政治的,而非技术的,城乡规划师的重要职责之一,是为决策者提供咨询,维护社会公共利益,保护弱势群体,作出全局性、长远性和纲领性的谋划。

因此,城乡规划师的职业道德有别于其他职业,全心全意为人民的生活环境和生活质量改善而服务,是城乡规划师职业道德的核心和最高标准。一名合格的城乡规划师,不仅需要具有扎实的专业知识、强烈的事业心精神、过硬的综合协调能力,更重要的是要有高度的社会责任感。

城乡规划师不一定成为全社会的最佳榜样,但是当一个职业的权威性和影响力上升时,公众对该职业的期望也会上升。公众对城乡规划师的信任,其实是把更多的责任加到城乡规划师的身上,他们期望城乡规划师成为具有无懈可击的执业行为的楷模。

城乡规划师应具有高度的社会责任感和职业道德,城乡规划师的职业道德培养,应从以下3个方面入手:

1)培养深厚的人本情怀

以人为本、人人平等并享有美好的愿望,是和谐社会的基础。人本情怀的核心,就是以人为本。因此,在行为上尊重人、关心人,希望对人、对社会有所帮助,有所贡献;并且会因为人与人之平等而具有让所有人都享有美好的愿望,这种愿望使人更能愿意维护弱势群体的利益。

城乡规划师应真正理解并能建立起深厚的人本情怀,尽量做到客观、实际、公平、公正,避免主观臆断与盲目性。城乡规划是影响人的生存状态的行为,无论是大都市的规划还是小乡村的规划,其对象都是平等的人,都应当给予高度重视。对于规划地区人们的具体条件、困难、需求、未来如何发展等,城乡规划师都应当给予足够且真诚的关注。这种关注可能会影响到城乡规划所覆盖的所有人,尤其是其中的弱势人群。城乡规划师应对他们因受利益影响而产生的冲突进行平衡,且在平衡中优先考虑弱势人群的基本保障问题。

城乡规划师是城市灵魂的工程师、城市环境的美容师,是描绘美好城市发展蓝图的总设计师,决定着一个城市的思想、风格,关系着老百姓居住的环境和生活的质量,所以城乡规划师应全心全意地为人民的生活环境美化和生活质量改善而服务。

2)深刻理解规划事业的历史使命

对于西方社会,自工业革命以来,已经高度城市化与工业化,主要通过规划解决城市空间的合理配置问题;对于中国,规划已经成为政府引导和调控发展的核心机制,未来城市如何发展、发展成什么样,从土地利用、产业战略、空间统筹、社会发展、体制创新等方面,城乡规划已经承担起更大的责任。中国城乡规划师所面临的规划任务和难度,是西方发达国家所无法比拟的,规划已经开始承担起经济社会发展的重大责任。由此可见,中国的城乡规划与西方的城乡规划存在着本质性差异:中国的规划事业承担的历史使命远远大于西方城乡规划承担的历史使命,近年来的国情变化日益凸显了这一点。

中国城乡规划的历史使命进一步提高了对规划的理性要求,城乡规划师必须坚守原则、尊重科学、实事求是、严谨治学。近年来,国家相继出台了城乡规划的各项法律、法规与技术规范,如《中华人民共和国城乡规划法》《中华人民共和国土地管理法》《中华人民共和国文物保护法》《中华人民共和国环境保护法》《中华人民共和国城市防洪法》《城乡规划编制办法》《城市居住区规划设计标准》《城市道路交通设施设计规范》等,城乡规划师需要遵纪守法、依法依规,维护好国家和城市的利益、公众的群体利益,正确处理好全局利益与局部利益、公共利益与部门利益、远期与近期、生产与生活之间的相互关系,恪尽职守、兢兢业业,确保规划的科学性、严肃性与合理性。

当前中国难得的历史性机遇给予了城乡规划师更多的责任,只有城乡规划师真正意识到规划的使命感,才会愿意并且乐意为"规划事业"付出心血和长期努力,"快乐地工作、快乐地生活"。

3）树立正确的规划科学观和价值观

坚持科学的规划观念，以解决当前规划过程中所存在的种种误区。

首先，科学性与话语者的身份无关，领导并不代表权威，而专业人员意见也未必是真理，强调任何一类话语者的科学权威性都不符合科学的本质。

其次，科学性与理论或概念无关，我们经常会说根据某某理论或习惯于不断在概念上推陈出新，这些都与科学性的结论没有必然的联系。因为理论本身就可能是错误的，或者理论是正确的，但是对理论的运用是错误的。

科学性的本质是知识能够通过实践的检验。根据类型的差异，对应的分别是证实检验和证伪，检验知识与事实的一致性。只有在正确理解规划的科学属性以后，才可能用科学性标准重新审视现有的规划理论与技术、发展新的规划理论与技术，最终建立科学的理论与方法论体系。

课后思考题

1.建筑师执业范围内完整的工作内容是什么？
2.职业建筑师应该承担哪些社会责任？
3.城乡规划师的执业范围和工作内容是什么？

建筑师与城乡规划师职业发展概况

本章主要概括介绍国内外建筑师与城乡规划师的职业状况,通过本章的学习可以了解国内外建筑师与城乡规划师的职业机制和发展趋势;熟悉建筑师与城乡规划师的执业状况和工作环境。

2.1 我国建筑师与城乡规划师职业概况

1)我国建筑师的职业发展

建筑师,是指受过专业教育或训练,以建筑设计为主要职业的人。建筑师通过与工程投资方(即通常所说的甲方)和施工方的合作,在技术、经济、功能和造型上实现建筑物的营造。

在古代,建筑技术和社会分工比较单纯,建筑设计和建筑施工并没有明确的界限,施工的组织者和指挥者往往也就是设计者。在欧洲,由于以石料作为建筑物的主要材料,这两种工作通常由石匠的首脑承担;在中国,由于建筑以木结构为主,这两种工作通常由木匠的首脑承担。他们根据建筑物主人的要求,按照师徒相传的成规,加上自己一定的创造性,营造建筑并积累了建筑文化。

在近代,建筑设计和建筑施工分离开来,各自成为专门学科。在西方是从文艺复兴时期,近代建筑设计和施工就开始萌芽,到产业革命时期才逐渐成熟;在中国则是清代后期在外来因素的影响下逐步形成的。

在当代,随着社会的发展和科学技术的进步,建筑所包含的内容、所要解决的问题越来越复杂,涉及的相关学科越来越多,材料上、技术上的变化越来越迅速,单纯依靠师徒相传、经验积累的方式,已不能适应这种客观现实。加上建筑物往往需要在很短时期内实现竣工使用,难以由匠师一身二任，客观上需要更为细致的社会分工，这就促使建筑设计逐渐形成专业，成为一门独立的分支学科。

广义的建筑设计，是指设计一个建筑物或建筑群所要做的全部工作。由于科学技术的发展，在建筑上越来越广泛深入地利用各种科学技术的成果，设计工作常涉及建筑学、结构学以及给水、排水、供暖、空气调节、电气、燃气、消防、防火、自动化控制管理、建筑声学、建筑光学、建筑热工学、工程估算、园林绿化等方面的知识，需要各种科学技术人员的密切协作。但通常所说的建筑设计，是指"建筑学"范围内的工作，它所要解决的问题包括建筑物内部各种使用功能和使用空间的合理安排，建筑物与周围环境、与各种外部条件的协调配合，内部和外表的艺术效果，各个细部的构造方式，建筑与结构、建筑与各种设备等相关技术的综合协调，以及如何以更少的材料、更少的劳动力、更少的投资、更少的时间来实现上述各种要求，其最终目的是使建筑物做到适用、经济、坚固、美观。

以建筑学作为专业，擅长建筑设计的专家称为建筑师。建筑师除了精通建筑学专业知识，做好本专业工作之外，还要善于综合各种有关专业提出的要求，正确地解决设计与各个技术工种之间的矛盾。

2）我国城乡规划师的职业发展

我国城乡规划师是指根据国家相关规定完成专业教育或训练并取得从业资格，从事城乡规划业务工作的专业技术人员。其中，经全国统一考试合格，取得《城乡规划师执业资格证书》并经注册登记后，从事城乡规划业务工作的专业技术人员，称为注册城乡规划师。

在古代，我国城乡规划师被称为工官。工官是城市建设和建筑营造的具体掌管者和实施者，其集制定法令法规、规划设计、征集工匠、组织施工于一身，实行的是一揽子领导与管理。直到清康熙时，才出现"样房"，即样式房的出现。实现了城乡规划与建筑设计的专业分工。

到了近现代，从中国城乡规划的发展历程来看，在计划经济时代，城乡规划是国民经济与社会发展计划在空间上的投影，也就是从技术层面上落实城市发展的计划。在这样的制度设计下，城乡规划更多的是一种技术性的工作，规划的政策性无法体现。城乡规划师的社会角色比较单一，即规划管理者和规划编制者，前者受制于科层制的角色约束，而后者主要是落实政府的行政指令计划，并没有形成清晰独立的职业主体性。

早期的城乡规划师并不需要去思考社会利益平衡之类的问题，只需要落实计划部门的项目安排即可。这样的职业角色自然导致城乡规划教育的重点较为单一，更多突出的是城乡规划的工程技术特性。这一时期，城乡规划师的职业理想带有古典理想主义的乌托邦色彩，它与西方国家在城乡规划诞生之初的精神颇为相似。城乡规划师从20世纪90年代开始，随着市场经济体制的逐步建立，城乡规划的社会功能也在逐步转化。

随着分权改革的深入，城乡规划成为地方政府进行城市经营、提升城市竞争力的重要工具，城乡规划的社会地位日益提高。随着市民社会的涌现，以及私有产权拥有者的剧增，城乡规划通过调整空间关系可以重组社会利益关系，城乡规划不仅体现了社会不同阶层的利益诉求，也创造了新的利益关系。城乡规划成为政府在城市发展、建设和管理领域的公共政策，其重点正在从工程技术转向公共政策，城乡规划师在城市发展问题上的话语权逐步增大。

城乡规划社会功能的演变必然深刻地影响其职业的社会角色，并导致城乡规划师的角色分化。中国城乡规划师的社会角色分为两类：政府城乡规划师和执业城乡规划师。

2.2 我国建筑师与城乡规划师职业现状与趋势

2.2.1 我国建筑师职业现状与趋势

1)我国建筑师职业现状

（1）建筑师的职业定位和职业精神

"通常是依照法律或习惯专门给予一名职业上和学历上合格，并在其从事建筑实践的辖区内取得了注册、执照、证书的人，在这个辖区内，该建筑师从事职业实践，采用空间形式及历史文脉的手段，负责任地提倡人居社会的公平性和可持续发展，体现该辖区内的福利和文化。"由于建筑物投资规模大，存在时间长，对国计民生的影响大，因此各国均立法强制要求所有非本人及本家庭使用的建筑物均必须有设计、审批、建造、验收、使用的法定程序，并要求其过程必须由具有相应资质的个人或机构来完成。建筑师及设计机构具有编制施工文件的垄断性地位，并有责任和义务保障建筑物的适用性、经济性、美观性。因此，从现代社会的承认和规范化的行业标准来看，作为职业的建筑师必须具有三重法律身份：

①作为独立的合同执行者——建筑师是设计合同的执行人，是与业主、客户进行经济活动的一方主体，因此建筑师也需要追求适当的利润和相应的合同条件。

②作为业主的代理——建筑师作为业主利益的代表和受托人对建筑设计、营建等全过程进行监管，对业主汇报所有与业主利益密切相关的重要信息并负责确保专业的品质和业主的利益。

③作为准司法性的官员——建筑师必须兼顾公众利益和业主利益，并作为判断业主和开发商在合同执行中的公平法官和专业鉴定者。建筑师在建造过程中必须依照合同作出合理的解释和公平公正的决策，并充当业主和承包商的专业中介和纠纷调停员。由于建筑过程和利益相关者的复杂性，建筑师也被豁免对于非专业（超越建筑师能力和知识范围）的判断和认可的责任。

从现代职业建筑师的产生历史来看，建筑师从历史变迁和现代职业确立之始就是以建造项目的管理服务为核心的，是以建造全过程中业主和公众利益的维护、建筑专业品质的达成、建筑市场的公正维护为目的的，而非以建筑产品样式为目的。因此，建筑设计服务涵盖了一个空间环境需求从设定到满足的全过程，作为职业建筑师的定位应是项目全程的管理者和服务者。

建筑师的"职业精神"，早在1999年的第20届国际建筑师协会代表大会上就已确立，即专业（Expertise，专业能力、专业性、科学性、专长）、独立（Autonomy，学术独立、独立性、自主）、承诺（Commitment，诚信承诺、公正性、奉献）、责任（Accountability，职业责任、服务责任、负责）这四种基本精神。建筑师应以最高的职业道德，赢得和保持公众对他的诚实和能力的信任。

（2）我国的建筑师职能体系

我国建筑师的职能在整个项目建设活动中的作用往往体现在设计阶段的图纸交付，而建筑师没有权力控制材料、质量、进度、造价,也无法控制整体的建筑质量。我国职业建筑师本应承担的建造活动的管理由监理工程师、业主工程部等来承担,而监理工程师缺乏对设计的整体了解和学术支撑,缺乏为业主利益和设计实现的解释、变更、监控的地位和能力,造成了现场只能照图施工。我国现行的这种建设制度造成了建筑师在建造现场的缺位;也造成建筑师的职业训练和设计观念也由此停留在图纸设计和表面的形式上,而对建筑的技术、材料、施工、管理等知识缺乏了解。

在我国职业建筑师并不能成为建筑设计服务市场的主体,由于我国规定从事建筑工程设计执业活动的建筑师是受聘并注册于国内的一个具有工程设计资质的单位,那么就形成了以设计院为基本单位来管理设计企业和建筑师,且由单位承担经济责任、个人承担技术责任的捆绑形态,形成了多重主体和职责不清的局面。职业建筑师的独立执业并没有得到社会和政府的广泛承认,建筑师不是建筑设计服务市场的主体,不能承担建造过程中公平、公正的第三者裁判和社会监督的职能,这也不利于发挥建筑师职业的自律性和自主性。

近年来,国家在行业内推行建筑师负责制,有望改变这一现状。

(3)房地产业的超常速发展对建筑行业的影响

房地产业的超常速发展,让整个建筑行业都"欣欣向荣",进军建筑业成为很多年轻毕业生的追求,其竞争激烈程度堪比公务员。然而,在一次对 1 000 多名建筑行业从业者的调查中,半数以上的人都表示进入了职业徘徊停滞期,48%的人认为建筑师的职业枯竭感最为严重。调查显示,对底层的建筑师来说,枯竭感主要体现在对自我价值的疑问以及跟客户周旋的能力方面;对中高端建筑师来说,主要体现在能力枯竭方面,以及向更高方向发展的情绪问题。

从大环境来说,其主要原因有三个:一是设计费的低价竞争。这使得建筑师不可能在设计费用低的工程上花大量的精力和很长时间,所以套用工程图纸成为通用的做法。二是体制尚未完全健全,大型国有建筑设计院企业编制有限,令不少年富力强的建筑师游走在体制的边缘,一些年轻的建筑师跳槽到民营设计公司或事务所,但民营事务所由于生存第一,不得不"压榨"建筑师,使其缺少持续发展的潜力。三是外部环境并不乐观。有一种说法认为中国正在成为外国建筑师的实验场,甚至迁就外国建筑师到了几近放弃设计安全、经济等基本准则的地步。同时,由于大环境不乐观,年轻建筑师也易陷入一种急功近利的状态——不停接项目,不断套图纸,拼命考证书,努力攒资历,恨不得 5 年之内就独立接项目。这种心态使年轻建筑师纷纷产生严重的职业枯竭感。而要克服职业枯竭感,关键在于在职业生涯的不同阶段分清主次,在适当的时机着重发展最"有用"的能力。

2)我国建筑师职业趋势

未来建筑师职业的发展具有以下 5 个趋势:

①如果建筑学专业学位仍保持现有规模或甚至增加,未来建筑师将面临越来越激烈的职业资格准入竞争。在校学习期间已经获得与建筑师事务所相关的职业实践经历并且熟练掌握 CAD、BIM 等技术,将有助于毕业生获得实习机会。

②由于建筑不断老化,建筑重塑和维修工作将显著增多。

③对老建筑的翻新和复原工作,尤其是城区内大量的老建筑,将为建筑师提供许多就业机会。

④随着社会人口的发展变化,对教育医疗等公共服务(如学校、医院、看护所等)的需求将不断增多,成人护理中心、生活辅助设施、社区医疗诊所等设施数量也将增加,这些领域将为建筑师提供更多的就业机会。

⑤近年来国家在行业内推行建筑师负责制,建筑师负责制将是建筑师职业趋势之一。建筑师负责制是国际通行的建筑工程管理办法,其核心是建筑师在工程全过程中具有主导地位。标准的建筑师负责制服务涵盖三大内容:项目设计、施工管理和质保跟踪。

在目前国家发展和改革委员会联合住房和城乡建设部共同印发的推行全过程工程咨询服务模式以及 EPC 项目的政策文件和相关指导意见下,国有企业和政府投资项目原则上需要配备以全过程工程项目管理师作为总负责人和总咨询师的全过程工程咨询服务团队,为业主和 EPC 项目提供各阶段咨询和项目全过程管理服务。EPC 总承包也将是未来建筑师的职业发展趋势。

2.2.2　我国城乡规划师职业现状与趋势

1)我国城乡规划师职业现状

目前我国的城乡规划市场格局基本上是一省一院、一市一所,各有各的工作范围,有时相互支援或竞争一下,但竞争不激烈。加入 WTO 后,城乡规划市场也逐步开放,境外符合条件的规划设计单位已逐渐进入我国的城乡规划设计市场,打破了国内城乡规划设计市场的地区垄断局面。

现在从事城乡规划管理工作的人员很大一部分是政府公务员,许多人其实并不够专业。特别是在一些小城市,城乡规划经常是市长拍板,这样就很难有科学性。在这种状况下,推行注册城乡规划师制度显得非常重要。目前,一些省市已经认识到规划职业资格的重要性,例如哈尔滨规划局和重庆市规划局就制定了一套管理办法,规定哪些岗位必须有注册城乡规划师。

另外,境外的个人规划设计事务所已经开始进驻我国内地,城乡规划设计集中在国有单位的局面将得到改变,规划设计单位将会由单一的国内事业单位逐渐发展为事业单位与私营企业、合营合资单位及外资企业共存。随着注册城乡规划师资格认证的发展,中国个人设计咨询单位将会出现。

2)我国城乡规划师职业趋势

注册城乡规划师考试(原注册城市规划师考试)是 2000 年启动的,每年都有八九万人参加。作为新兴行业的城乡规划,其重要性日益显现,注册城乡规划师的需求空间巨大。由于较低的通过率和越来越大的社会需求,注册城乡规划师的含金量会越来越高。

我国在城镇化快速发展的同时,存在着规划类型过多、内容重叠冲突、审批流程复杂、周期过长、地方规划朝令夕改等问题。有鉴于此,建立全国统一、责权清晰、科学高效的规划体系,整体谋划新时代国土空间开发保护格局势在必行,于是国土空间规划在此背景下被提出。国土空间规划是国家空间发展的指南、可持续发展的空间蓝图,是各类开发保护建设活动的基本依据。建立国土空间规划体系并监督实施,将主体功能区规划、土地利用规划、城乡规划等空间规划融合为统一的国土空间规划,实现"多规合一"。一个区域的城乡规划一定要与国民经济和社会发展规划、土地利用规划、生态环境保护规划等多个规划融合,形成"一本规划、一张蓝图",解决各个规划自成体系、内容冲突、缺乏衔接等问题。2010年底,国务院印发了《全国主体功能区规划》,这是中国第一个国土空间开发规划,是战略性、基础性、约束性的规划。实施主体功能区规划,推进主体功能区建设,是中国国土空间开发思路和开发模式的重大转变,是国家区域调控理念和调控方式的重大创新,对推动科学发展、加快转变经济发展方式具有重要意义。国土空间规划将是未来城乡规划师职业发展的重要趋势。

随着城乡统筹发展思路的铺开,我国城市化进程将加快步伐。一个城市能否规划得当,关系着城市的发展与稳定布局。随着互联网的普及和公众参与热情的提升,城乡规划者开始从幕后走到台前,城乡规划人才的价值越来越得到领导和群众的认可,其影响力也越来越受人瞩目。

城乡规划师就职方向主要有:

城乡规划师:在规划院、建筑设计院或设计事务所从事城乡规划设计、建筑设计、景观设计及相关课题研究。

政府机关公务员:在规划管理局、土地管理局、住宅发展局、建设委员会等城建管理部门和计划委员会等政府宏观调控部门从事城建管理与课题研究。

房地产公司职员:从事房地产开发前期可行性研究、房产项目设计策划、联系及指导设计部门等工作。

房地产咨询与中介公司职员:替委托方进行房地产开发前期可行性研究、房产项目设计策划、代办委托设计与上报管理部门申请审批。

2.3 外国建筑师与城乡规划师职业概况

2.3.1 美国建筑师与城乡规划师职业概况

1)美国建筑师职业概况

(1)美国建筑师事务所的基本情况

美国建筑设计事务所(公司)可以是合伙人制、私人公司、专业公司、有限责任公司等多种形式,还可以是有限合伙人制公司(如SOM公司)。有限责任公司占大多数,无限责任的合伙人制公司很少。

(2)美国建筑设计市场准入管理制度

美国实行注册人员的个人市场准入管理制度,对单位不实行准入管理,即只有经过注册并取得注册建筑师、注册工程师执业资格证书后,方可作为注册执业人员执业,并作为注册师在图纸上签字。如果一个人已经申请拿到建筑师执照,就可以申请注册建筑师事务所。美国允许个人承接任务,成立一个公司后,即使1人也可以设计,承接任务范围没有限制,承接任务时需签订合同,技术文件须有注册人员签字。美国没有统一的建筑师法,50个州和4个领地及华盛顿特区等55个地区分别制定建筑师法。

美国于1919年成立了全国注册建筑师委员会,它是一个非营利法人。NCARB的主要职能是颁发认定证明,包括人员教育、人员实习、考题的拟定、制定样板法律,由各州进行选择性执行、发放证书等工作。NCARB 根据满足一定资格条件者的申请,把申请者所受的教育、训练、考试及和注册有关的内容进行整理或记录,发给申请者,作为对各州委员会或外国注册机关的证明,说明该人已经符合 NCARB 的认定条件。尽管申请 NCARB 证书完全是自愿的,但上述证明不是各州委员会所有的注册建筑师都能得到,而必须满足 NCARB 规定的资格条件才能得到。专业人员符合注册建筑师或注册工程师条件,并取得全国资格证书后,即可申请注册。在美国,执业资格确认和注册管理的权利属于各州的注册委员会,不存在全国通行的注册许可证,在一个州得到注册可以在该州执业,但到另一个州去执业需要再得到另一个州的注册。美国各州法律一般都规定了注册建筑师具有如下的主要权利:只有注册建筑师可以从事建筑业务和使用"建筑师"职业名称;注册的建筑师可以和不是建筑师的人组成合作体共同完成业务,还可以担当企业法人。同时具有如下义务:按州法规定诚实地完成业务;在完成的设计图纸、说明书或其他文件上署名,并记入执照编号。美国各州都规定设计公司必须有 1 个以上的持有注册执照的人员。美国的建筑设计公司一般申请人就是公司的拥有人,或者申请人本身不是建筑师,但雇佣至少 1 名注册建筑师来申请。有的州要求建筑设计事务所的拥有人必须全部是注册建筑师。

美国各州对设计公司的性质要求也不一样,有些州还有一些特殊的规定。例如,纽约州规定,设计公司必须是合伙人制而不能是有限公司。有的州规定成立有限责任设计公司,其公司必须有一半以上的人持有注册执照,同时还必须有结构师、景观师等专业人员;新泽西州规定有限责任设计公司其公司拥有者必须全部拥有设计执照。

(3)美国的建筑设计市场情况和对外国设计公司的市场准入管理

美国以外的公司可以通过以下两种途径进入美国:一是向美国有关政府部门申请设计执照后,以本公司名义在美国境内承接设计任务。国外的设计公司申请执照时是以个人名义申请的,但具体从事设计活动时,有些州要求必须在当地成立企业。二是外国公司和美国咨询设计企业联合设计。美国的概念设计不要求必须由注册建筑师签字,但是除概念设计外的图纸必须由注册建筑师签字。概念设计的深度一般都遵守 AIA 的规定,一般美国的建筑工程设计有方案设计(或概念设计)、初步设计、施工图设计、施工验收等方面的规范。美国政府部门依法对设计进行以下几方面的审查:①是否按规划要求设计;②使用性质是否改变,如商场改为医院等情况;③消防审查。外国公司通过跨境交付的方式设计美国的项目,如果没有取得美国注册建筑师执照的人员在图纸上签字,是违反美国法律的。

美国允许外国建筑师以个人身份在美国承接业务,要求同本国注册建筑师一样,外国建筑师首先应取得美国全国委员会资格证书,再到各州注册。注册时,还要根据各州的规定,通过本州的特定考试,取得由州颁发的注册许可后才可承接任务。美国对未取得注册资格的人员进入市场是有限制的,只允许他们作为设计顾问,而没有注册建筑师的图纸签字权。

2)美国城乡规划师职业概况

美国是西方国家实行城乡规划师职业制度最完善的国家之一。美国规划协会(APA)是美国和加拿大两国城乡规划师的职业协会,现有会员超过 3 万人。APA 是由美国规划师协会和美国规划官员协会(ASPO,1934 年成立)两个组织于 1978 年合并而成立的。北美地区从事城乡规划工作的人员基本上都是 APA 会员。除职业城乡规划师外,APA 成员还包括由市县规划委员会委托任职的公民,以及专职从事城乡规划领域的私有土地利用规划顾问、建筑师、工程师、律师等。

APA 在美国的 46 个州设有分会。APA 会员在促进全美城乡规划工作方面发挥了很大的作用。美国在规划方面的立法,以及城市的规划工作,都是在 APA 成员的参与下完成的。APA 有专门的管理办法,从对规划从业人员的技术技能,到城乡规划师的职业道德要求,都有明确的规定。

美国认证规划师协会(AICP)是一个职业性组织,现有会员约 8 500 人。要成为 AICP 会员,除必须满足 AICP 所规定的职业城乡规划师实践以及受过规划专业教育外,还必须通过 AICP 每年在全国举行的考试,同时还要宣称愿意毕业遵守 AICP 规定的道德规范和职业准则。AICP 并不相当于职业执照,但拥有这个称号即等于承认有此身份者的技术水平更高、贡献更大。

AICP 和规划院校联合会(ACSP)一起组成城乡规划评估理事会,对美国和加拿大大学中 60 多个规划专业进行评估。只有从经过评估的专业毕业并经过一定时间的规划实践的毕业生,才有资格参加 AICP 考试而成为 AICP 会员。

在美国,只有新泽西州规定从事城乡规划工作必须持有由州政府颁发的执照,采取这种颁发执照的办法的初衷之一就是为了表明城乡规划师这一职业不同于其他职业。另外,佛罗里达和得克萨斯州正在考虑给城乡规划师颁发执照。因此,在美国采用的是职业证书和执照相结合的办法。

2.3.2 英国建筑师与城乡规划师职业概况

1)英国建筑师职业概况

(1)英国建筑师事务所的基本情况

英国的建筑设计事务所(公司)多数规模不大,90%以上的公司不超过 6 人,40 人以上的只占 1%,但比较大的这几家设计公司却集中了英国 20%以上的建筑师,这一点和美国类似。近年来,私人(合伙)的设计公司和私人设计师逐渐主导了英国的建筑市场。在英国的建筑设计企业中,合伙企业及有限合伙人制公司占企业总数的 40%;个人公司或个人从业者占 30%;私人有限公司占 29%;公共有限公司及上市公司占 1%。其中,有限合伙人制公司是近年来流行的企业形式。

(2)英国建筑设计市场准入管理制度

英国的法律并不要求在建造建筑物时必须雇用建筑师。也就是说,在英国没有关于谁可以做设计、谁不能做设计的具体规定,任何人都可以做设计,也可以在图纸上签字。一名建筑师,即使没有受雇于任何一家设计公司,也没有成立自己的公司,投资人也可以将项目委托给他进行设计。但是只有经过注册取得注册建筑师资格的人员,才能称自己为"建筑师"。没有注册的设计人员可以称自己为建筑设计技术人员、咨询人员,但不可以称自己为"建筑师"。"建筑师"的称谓受到法律保护。这不同于欧盟的有些国家,如法国规定只有建筑师可以在图纸上签字。英国十几年前规定不允许建筑师开公司,建筑设计事务所必须采用合伙人制。但现在政府不再限制建筑设计企业必须采用何种企业性质,而是由企业自主选择;同时,对私人设计公司的股东也没有限制,技术人员和非技术人员都可以成为股东。但是,在英国注册私人公司手续较为烦琐,英国企业注册管理部门"企业处"对注册私人公司的办公地点、人员配置、财务状况等各方面进行严格审核,经营范围也在申报时就必须确定,而且经营范围会受到限制。

另外,规定私人公司设立时,必须配有两名以上的可对公司负责的负责人员(类似于法人代表),但这两名负责人可以是技术人员、财务人员,也可以是一般的管理人员,并无特殊规定。合伙制企业设立手续相对简单,且经营范围灵活不受限制(如既可做设计也可以经营机械设备等),但有较大的责任风险。企业设立有限责任性质的建筑设计公司时,同设立其他公司一样,没有任何特别的规定,成立有限责任公司或有限合伙人制公司企业也必须在"企业处"注册。从法律责任上讲,私人公司由公司法人承担责任;合伙公司的责任则要落实到合伙人中每一个人,个人私人财产也连带赔偿;私人有限公司是以公司的资产部分进行赔偿;有限合伙人制公司是采用合伙人和有限责任相结合的一种企业性质,在这种形式下,如果企业出现问题,由图纸上签字的合伙人承担法律(刑事)责任,其他合伙人不承担刑事责任,由公司承担经济责任,全体合伙人按照占有公司股份的数额享受收益及分担赔偿金额。

(3)英国建筑设计市场的情况和对外国设计公司的市场准入管理

近十年来,英国私人住宅价格一路飙升,人们希望通过协助政府多建住宅来达到降低房价的目的。因此,英国开展了十年重建计划,发展住宅和政府工程建设。英国皇家建筑师学会(RIBA)组织了多家建筑设计公司联合开展大型项目的设计,小型项目则由各公司承担。

英国对外国公司和个人在英国从事设计活动基本没有准入限制。同英国国内的企业一样,在英国限制的是对建筑师头衔的使用,即必须得到建筑师注册委员会 ARB 的注册。外国公司进入英国建筑设计市场,既可以在英国成立企业,也可以自身名义承接英国设计任务,还可以与英国公司合作。外国设计人员只要取得工作签证,就可以在英国进行设计。外国公司可以通过跨境交付的方式提供最后的设计文件。

2)英国城乡规划师职业概况

英国是工业革命的发源地,以蒸汽机发明为代表的工业革命极大地促进了工业化进程和经济发展,同时由于经济建设的高速发展,人口向城市聚集,带动了城市化的进程。高速的经济建设和城市化既给城市带来了发展的机遇,也造成了诸如城市规模急剧膨胀、交通拥挤、住房困难、环境恶化、疾病流行等严重问题。顺应形势的需求,一些有识之士开始研究城市问题。霍华德提出了"田园城市"的理论,虽不可能完全解决城市的实际问题,但却对理想的城市模式做出了有重大历史意义的探索。1909 年利物浦大学创建第一个城乡规划专业。

19 世纪由于建设发展的需求,已经产生了 3 个与城乡规划相关的职业与职业组织:1818年成立、1828 年获皇家恩准并授权的土木工程师协会;1834 年成立、1837 年获皇家恩准并授权的建筑师协会;1868 年成立的测量师协会。在当时尚未产生规划职业和职业协会的情况下,针对 19 世纪的城市问题,这 3 个协会与公共卫生组织学习欧洲(尤其是德国)的一些做法,共同拟定了一些城市建设的标准,如建筑物的间距、高度要求等。这 3 个职业协会及人员当时均认为自己这个职业可以从事城乡规划工作,并引发了争论。虽然当时从这 3 个职业中分离了一部分职业人员专门从事城市的研究并试图解决城市问题,但实际上这 3 个职业的知识结构和技能与从事城乡规划工作的要求均有相当的差距。城市发展和建设的需要呼唤着一个新的学科和职业——城乡规划学科和职业。

1905 年第一次出现了"城乡规划"这个名词,1909 年英国出台了第一部《城乡规划法》,这些都进一步推动了城乡规划学科和职业的产生。1913 年有关人员召开了一次非常重要的全国性的会议,专门研究讨论了城乡规划的问题,讨论了哪些人、什么样的人可以从事城乡规划职业,制定了初步的职业标准。1914 年成立了第一个规划职业组织——城乡规划协会(Town Planning Institute)。20 世纪 20—30 年代英国开始出现了区域规划和国家规划,40 年代由于战后经济社会和城市发展的需要,城乡规划有了迅速的发展,编制出台了历史上有重大影响的一些规划报告和政策,如伦敦及大伦敦规划,关于地方政府在人口、经济、工业和公众利益的作用的规划报告,关于乡村地区规划的报告,关于城市改善的规划报告,关于社会安全、保障的规划报告。1946 年政府出台了《新城规划法》《国家规划法》,1947 年出台了《城乡规划法》等。至此,城乡规划学科和职业已日趋成熟并有了迅速的发展,城乡规划职业已涵盖了国家(国土)规划、区域规划、城乡规划、乡村规划的全部工作范围。由于学科的形成发展、职业的教育标准和职业标准的成熟完善需要实践经验和时间,加上前述 3 个职业组织的长期反对和争论,直到 1959 年城乡规划协会(TPI)才正式获得皇家授权,颁发了皇家认可的职业城乡规划师资格证书,形成了完善的规划职业制度。1971 年城乡规划协会正式更名为英国皇家城乡规划协会(RTPI)。

英国皇家城乡规划协会是英国女王及政府认可并授权的城乡规划师职业组织,参加议会院外活动,向政府提供政策建议,管理职业城乡规划师队伍,制定职业城乡规划师标准及审查颁发皇家城乡规划师资格证书,制定城乡规划师职业资格标准和教育标准,组织对职业规划的教育认定工作,制定城乡规划师的职业道德准则及执行纪律,制定职业规划继续教育规定并组织培训、监督检查,组织国内外学术交流,出版刊物,就业指导等。

2.3.3 德国建筑师与城乡规划师职业概况

1)德国建筑师职业概况

(1)德国职业建筑师制度

德国的职业建筑师政策由联邦建筑师协会(State Building Design Institute)负责制定,包括建筑师的培养、注册,事务所的组织方式、收费方式及设计项目的承接方式等。在德国要想成为一名职业建筑师,一般来说首先必须具有有效的建筑学专业学位。这种学位可由两种学校获得:一是工业大学,二是技术学院。德国大学无本科和硕士之分,其学位相当于硕士,毕业后可出去工作,也可继续攻读博士。学生在德国读书不用交学费,医疗保险也便宜,加之学习年限和年龄限制不严,故普遍读书时间较长(6 年左右)。毕业生获得建筑学专业学位后,必须在建筑设计事务所实习 3 年。这 3 年需从事与建筑师业务相关的各项业务,如建筑设计、城镇规划、不少于 6 个月的施工图设计(含细部设计)和不少于 6 个月的编制设计文件及施工监理,且 3 年实习必须得到事务所雇主的证明。完成上述两个阶段的学习和工作实习后,无须经过特别考试,该毕业生便可被吸收为联邦建筑师协会正式成员,同时自然成为注册建筑师。对未经过上述正规学习而从业的自学成才者,联邦建筑师协会设有特别考试。考试较难,且对应试者的资历有明确规定:应试者必须从事建筑设计实践工作达 10 年并从事过建筑设计工作的全过程。若能通过此项考试,也可以被接受为联邦建筑师协会会员并同时加入注册建筑师的队伍,从而不再因缺乏学历而遭受专业歧视。

在德国,作为职业名称的"建筑师"称号是受法律保护的,并非学过建筑学或正在参与建筑设计工作的人就可以自称"建筑师",只有正式注册的建筑师才可使用此称号。与其相对应的规定是:只有注册建筑师才被允许去设计建筑,只有建筑师签字的图纸才可以得到城市和区域政府专业管理机构的受理和批准。成为注册建筑师以后,便可以申请开设自己的私人建筑设计事务所,也可与他人合开建筑设计事务所。一些未注册的人士如今也有开设私人事务所或设计室的,如常常有些年轻人开有设计事务所并自称为"策划师",但他们不能从事建筑工程的设计,因这一类的设计是由政府专门机构严格进行管理的。

（2）德国建筑师事务所的基本情况

在民主德国曾有国营建筑设计院（Architektur Kollektive）,东、西德统一后便全部改为私人建筑设计事务所。除此之外,还有一些政府设计机构,如城镇建筑部（Urban Construction Department）、大学建筑部（University Deparment of Arohitecture）,但一般来说这些政府设计机构主要做些维修设计工作,在绝大多数建造新建筑的场合,这些部门基本上都是扮演甲方的角色,而承担设计工作的大多仍为私人设计事务所。有些大公司（如西门子、奔驰公司等）也有其下属的设计部,主要从事维修设计,有的也从事可行性研究和项目开发设计,但前提是在该部门从事建筑设计的工作人员必须是注册建筑师。

德国的许多事务所是由"明星"挂帅的,如贝尼希事务所以承接 1972 年慕尼黑运动场馆而闻名于世,G.博姆事务所以承接贝尔基希、哥莱得巴哈市政厅而闻名,M.翁格尔斯事务所在法兰克福莱茵河畔设计了大量博物馆等。这些事务所以天才的建筑师为核心,以其姓名命名,以其天才的设计以及良性循环的知名度揽取业务,成员随项目的增减而临时调整。由于德国大学教授是国家公职人员,有固定编制,这种体制为明星建筑师们提供了既做事务所"掌门人",又做大学教授的可能性。在德国 20 个大型建筑设计事务所中,有 11 个是由著名教授开设的。另外,德国大学教育十分注重实践经验,教授岗位竞争者需要首先成为一名优秀的建筑师,然后才有可能成为大学教授。德国也有许多非明星建筑师开办的事务所,这种事务所通常由若干名建筑师合开,起一个中性的名称。这样的事务所很多,他们勇于走自己的路,绝不跟随或模仿任何建筑流派和风潮,并活跃于欧洲市场,名声卓著。

一般的建筑事务所仅有建筑设计专业,他们与甲方签署建筑设计合同,而结构工程师和其他顾问工程师则直接与甲方签署与其工种相应的设计合同。建筑事务所和建筑师扮演"总指挥"的角色,协调参与工程的所有工种和所有的人。随着欧洲一体化进程的发展和经济的全球化,设计业务呈现出向综合性、大设计公司集中的趋势,因此那些一般规模事务所（3~5名雇员）较难接到项目委托。许多大型业务的业主通常是企业、事业单位、投资银行、发展商,他们倾向于将全部工作交由一个大型事务所完成。这意味着甲方希望由乙方完成除施工以外的全部工作,即从概念构思设计、施工图设计（包括结构、电、给排水、设备等）,到现场监理和造价控制,所有的工作均集中由一个综合事务所来完成。

建筑师的工作通常还包括室内细部设计,做这部分工作时,因细部多、施工图复杂,收费会略高些。

（3）德国建筑设计市场概况

德国设计界始终保持开放与竞争的传统,其建筑市场对世界开放较早。著名的魏玛工艺学院（包豪斯大学前身）的创始人便是著名建筑师格罗皮乌斯（Wacter Gropius,1883—1969）。现代建筑运动至今,世界各国许多著名建筑师都在德国留下了他们的作品。早期的威森霍夫住宅区设计,第二次世界大战之后的 INTERBAU,均有众多外国建筑师参加,20 世纪 50 年代后期的柏林国际住宅展览会及德国统一后的柏林城市设计更是吸引了全世界的明星建筑师。与美国不同,德国的设计委托绝大部分是通过竞赛产生的,众多的竞赛既为业主的质量提供了保证,也为年轻的建筑师提供了平等竞争的舞台。有的竞赛规定只有注册建筑师方可参加,也有的竞赛不限制参赛资格,这类竞赛以概念设计为多。有意见认为过于依赖竞赛,劳民伤财,许多人认为选择易于合作的建筑师比单纯通过竞赛选方案更有意义。但意见归意见,竞赛仍是主流。

德国建筑设计收费较高,一般在投资额的5%以上,费率视建设规模大小和难易程度有所调整,但建筑师的责任也较大。德国建筑师法明确规定:私人事务所对其工作永远是负有全责的。因此,德国建筑师工作极其认真,不仅对方案,还对节点、构造细部等都仔细推敲,杜绝疏漏。另外,他们还不得不支付数额巨大的保险费,以防不测。建筑师要缴纳两种税:一是每个自由职业者必缴的所得税,税率为 15% ~ 50%,视收入高低而定;此外,所有商业行为必须缴纳消费税,税率为 16%,每位建筑师均需按其总收费的 16% 悉数缴纳,所余金额便是计算其所得税的基数。

2）德国城乡规划师执业概况

（1）德国城乡规划的职业任务

德国是一个高度重视城乡规划的国家,城乡规划覆盖了全国每一寸土地,规划都具有极高的前瞻性。各级城乡规划师专业性较强,配备充足,如柏林和勃兰登堡州联合规划局就有约 100 名专业规划人员。德国城乡规划师的职业任务是:创造性地从技术、经济和社会等方面提出地方和地区性的规划方案,特别是制订出城市的建设方案。

下面几个方面的工作也被认为是城乡规划师的职业任务:

①在某些工程项目的设计和实施阶段,向项目委托人提供咨询、帮助乃至作为他的代理,协调并监督这些方案的实施。

②对某些工程项目作专家性的鉴定。

③参与区域规划和联邦州的规划工作也是建筑师和环境建筑师的职业任务。

德国城乡规划师还需要参与城乡规划的全部内容和运行程序的编制和制定。尤其是运行程序极其规范:第 1 步,征求公众意见,各种意见汇总后,由专业规划人员综合考虑制订规划;第 2 步,规划公示,再征求公众意见,作进一步修订;第 3 步,将修订后的规划送议会审议通过。

（2）德国城乡规划师执业注册制度

德国实行城乡规划师执业注册制度,德国城乡规划师执业注册制度即是将符合条件的建筑师、城乡规划师、工程师的姓名及有关情况登录到相关的《名册》。《名册》由相应的协会制作,具体工作由各协会所属的注册委员会负责实施。《名册》公开发行,提供给社会各界人士使用。

①德国国内相关人士的注册条件包括：

a.3 年以上大专或大学本科学历证书。

b.3 年以上大专或大学考试成绩单。

c.4 年以上实际职业活动经验。

d.从事职业活动的场所或机构。

e.愿意按照建筑师、城乡规划师、工程师的职责承接职业任务。

f.建筑、规划、工程类学历不够的，在建筑师、城乡规划师的领导监督下，在自己的专业领域里已从事至少 7 年实践职业活动。

g.不具备建筑、规划、工程类学历的，从事建筑活动，但要申请注册的，需进行成绩测试。

德国实行联邦制，注册各州的建筑师、城乡规划师、工程师协会分别注册，从一个州转到另一个州注册，凡符合注册条件，都可以注册。

②外国人注册条件包括：

a.欧盟成员国以内的外国建筑领域专业人士申请注册，与国内外州（地）人员注册条件相同。

b.欧盟成员国以外的外国建筑领域专业人士申请注册，除具备注册的同等条件外，还需双方相关同业协会互相认同，方可以在当地注册。

③有下列情况的申请者不允许注册：

a.从事过法律、法规所禁止或不允许从事的职业活动。

b.申请人由于刑事犯罪依法被判决或者未判决，依据的犯罪事实已表明他不适于完成此类职业任务。

c.由于心理上或者精神上的症状，或者心灵上的障碍，确定需要别人照料他的饮食起居的人。

d.注册申请前 5 年内个人财产作过破产处理。

e.有错误的举措，使人们有理由担心他作为一名建筑师或城乡规划师很难充分尽到自己的职业责任，履行自己的职业义务。

④有下列情况的人将被取消注册：

a.已经注册的人死亡。

b.已经注册的人放弃了注册。

c.在注册之后发生了不予注册的情况，而且这种事情已经为公众所知。

d.注册者在当地既无住所，又没有工作单位，或者其主要职业活动已经不在当地。

e.出现了某种对注册人不利的情况，使其注册先决条件已不复存在。

f.在一项职业诉讼案中被判处从注册名单中除名。

g.在登记注册之后，发现不应予以注册的理由，而且从注册之日起到发现之日时间不超过 5 年者，将取消注册。

（3）德国建筑相关领域职业协会

德国建筑领域内的职业协会非常发达，例如，柏林有建筑业协会（商会）、建筑师同业协会、工程师同业协会等，在维护建筑领域中的职业秩序，保障执业水平，维护建筑师、城乡规划师、工程师和业主各方合法权益，行业自律等方面发挥着重要的作用。

2.3.4 建筑师职能体系与城乡规划师注册执业制度的国内外比较

（1）建筑师职能体系的比较

不同于我国现行的建筑师服务仅限于设计阶段，国外通行的职业建筑师职能体系具有以下3个特性：

①全面代理，全程服务。建筑师不仅是做设计，而且是作为业主代理的建造全过程的监控者。目前，国际通行的建筑师需要负责项目的设计、施工、交付的全过程的质量、进度、成本控制和合同、文档管理，职业建筑师的职能就包含了设计和监理两部分内容。联合国的产品目录也将"建筑服务"定义为建筑设计和合同管理的综合服务。建筑师作为业主的代理，对建造活动的全过程进行控制，以保证业主的利益和城市、建筑的公共利益。业主是投资者，负责整合土地、资金、需求，而建造过程可以全权委托建筑师来执行，不需要另行筹建专业的管理团队。

②产品导向、过程控制的设计服务过程。基于建造过程的项目特征，建筑生产过程是一个建筑产品制造和相应服务的提供过程，从项目管理系统的角度来看，其可以归结成一个需求发现和满足、问题的发现和解决的过程。建筑生产的全过程是一个空间环境的求解过程，是一个在建筑需求、业主目标、资源限制中需求平衡和共赢的过程。职业建筑师通过建筑实践提供建筑服务，而不仅仅是提供设计图纸等文件，还包括整个设计、建造过程的管理，最终为业主提供一个完整的环境解决方案。

③专业化的技术，职业化的精神，产业化的管理。从服务管理和营销的角度来看，建筑设计本身就是一个"产品无形、单品生产、智力密集、技术适宜、过程管理、个性突出"的服务工作，设计企业都是项目流程管理的企业和服务产品的供应商。如同产品生产和服务提供的其他企业和产业一样，都需要科学组织和管理。而科学管理的核心是商业模式的标准化、程序化和可复制化，这是企业战略规划、组织架构、绩效考评、研发拓展的基石和抓手。设计服务是一个典型客户价值创造的流程，是一个有明确的输入资源和输出成果的特定工作；而管理就是一个连续产生新的非标准化操作规范和新的非程序性决策，并不断地把它们转化为标准化操作和程序性决策的过程。设计企业的核心竞争力和最终价值的创造就是通过流程的优化和再造而得以实现的。

因此，建筑设计是面向客户的专业化技术、职业化精神、产业化管理、全程化过程的服务。设计是一个立足于现有资源条件下最适合、最优化的环境整体解决方案的推导、求解过程。

（2）城乡规划师注册执业制度的比较

将德国城乡规划师注册执业制度与我国现行的参照美国、英国建立的注册执业制度进行比较，二者的差异主要在于：

①注册目的不完全相同。德国、法国职业注册主要是行业的一种自律管理手段，同时通过自身被社会的认可，为其注册人员向社会提供一种资信；而我国则是政府对专业人员进入一些重要的专业技术领域实行了准入控制。

②我国注册执业制度程序比较规范且严格，包括教育评估、考试、注册、执业、继续教育，特别是考试；而德国、法国一般不考试，凡符合条件的即可登记注册。

③我国注册执业制度比较重视考试、注册和继续教育环节，在处理执业中的纠纷，对违法

违纪行为的处罚,以及维护行业利益方面发挥的作用较小;而德国、法国注册执业制度与行业自律紧密相连,各同业协会的注册仅仅是协会工作的一个环节,更注重对会员执业活动的监督管理和行业利益的维护。

课后思考题

1.谈一谈我国早期的建筑师和城乡规划师职业和现代有什么区别。

2.谈一谈建筑师和城乡规划师未来职业发展的趋势有哪些。

3.与同学一起讨论我国建筑师和城乡规划师的职业发展与国外有什么不同。

3

建筑师与城乡规划师教育

3.1 专业介绍

3.1.1 专业简介

由于建筑学和城乡规划专业的综合性较高,学习过程中对学习科目和训练内容有较严格要求;同时两个专业都具有匠人式的"师傅带徒弟"的教学模式和教学习惯,所以如果想成为一名职业建筑师或城乡规划师,进入相关高校接受专业的、系统的建筑学教育是十分必要的。因此,如果希望选择建筑师或城乡规划师为职业,首先应接受系统的建筑学和城乡规划的专业教育。目前,国内高校建筑学和城乡规划专业都制订了严格的培养计划,对学习内容作了明确规定;同时拥有专业的教师队伍,可以对学习过程进行指导。接受专业教育是今后从事建筑师、城乡规划师职业的第一步。

3.1.2 专业设置

目前国内开设建筑学相关专业的院校有 200 余所,建筑学和城乡规划专业本科学制均为5 年,前 4 年为设计及相关理论的学习,最后 1 年为建筑师、城乡规划师业务实践实习及毕业设计。

建筑学和城乡规划专业属于工学中的建筑类。传统的建筑学涵盖非常广,城乡规划、风景园林等一些专业都被包含其中。随着建筑行业和社会的发展,这些专业逐渐从建筑学中分离出来,发展为独立的一级学科。所以,城乡规划和建筑学有极深的渊源。目前开设有建筑学专业的高校普遍都开设了城乡规划专业(原为城市规划专业),城乡规划专业本科学制多数为五年制,学制安排基本与建筑学相同。由于城乡规划专业多是以建筑学为背景而发展的,所以在基础阶段的学习内容和要求与建筑学专业一致,专业的培养要求和素养要求也与建筑学专业一致。

3.1.3 专业概念

1)建筑学

从广义上来说,建筑学是研究建筑及其环境的学科。在通常情况下,它更多地是指与建筑设计和建造相关的艺术和技术的综合。因此,建筑学是一门横跨工程技术和人文艺术的学科。建筑学所涉及的建筑艺术和建筑技术,它们虽有不同但又密切联系,并且其分量随具体情况和建筑物的不同而大不相同。

建筑学是一门以学习如何设计建筑为主,同时学习相关基础技术课程的学科。所学习的范围小到简单的房间布局,大到城市数个街区的建筑群体的设计。主要学习的内容是通过对一块空白场地的分析,同时依据不同建筑的类型(如体育馆、电影院、住宅、厂房等不同类型)对房间功能的要求,合理组织各类流线,选择建筑建造所用的技术及材料等,对建筑物从平面、外观立面及其内外部空间进行从无到有的设计。

2)城乡规划学

城乡规划是城镇体系规划、城市规划、镇规划、乡规划和村庄规划等各类型规划的统称;对一定时期内城乡社会和经济发展、土地利用、空间布局以及各项建设进行综合部署、具体安排和实施管理。城乡规划主要研究城乡规划、城乡设计等方面的基本知识和技能,进行城市和农村的规划和设计等,包括整体规划和区域规划等。城乡规划本科多为五年制,也有部分院校为四年制。一般本科一、二年级阶段先搭建在建筑学专业平台上,学习建筑设计相关基础知识,后两年进行城乡规划专业知识学习,最后一年进行业务实习和毕业设计。学生毕业后,可取得工学学士学位。

城乡规划专业主要学习城乡规划原理、城乡规划设计、城市设计和建筑设计等方面的知识,要求毕业生能在一般性的建筑设计、城乡规划设计、城乡规划管理、决策咨询、房地产开发等部门从事建筑设计、城乡规划设计与管理,开展城乡道路交通规划、城乡法定规划、园林游憩系统规划等设计,并能参与城乡社会与经济发展规划、区域规划、城乡开发、房地产筹划以及相关政策法规研究等方面的工作,成为城乡规划学科的高级工程技术人才。

城乡规划从宏观到微观分为城镇体系规划、总体规划、分区性规划、控制性详细规划、修建性详细规划等几个技术层面。宏观层面的规划涉及土地利用、空间布局和发展形态等方面的研究内容,中微观层面的规划涉及建筑密度、高度和容积率等方面的研究内容。由此可见,大到一片区域一个城市规模,小到一块儿绿地一栋建筑,可以说都是城乡规划的范畴。

随着城乡一体化统筹发展,城乡之间的距离越来越近,规划已不仅仅局限于一个单一的城市,还会考虑到城市与城市之间、乡村与乡村之间、城市与乡村之间的协调,甚至是区域性的多个城乡联动规划,实行资源共享、优化配置,实现城乡一体、持续发展。

由此可见,城乡规划是一个多学科交叉的综合学科,需要经济、地理、交通、社会、历史、文化等多学科知识的支撑。

3.1.4 核心课程

1)建筑学

①专业基础课:主要以训练专业所需要掌握的专业基本功为目标,通识性地掌握建筑设计基础知识。主要包括:美术训练(素描、色彩等)、画法几何及阴影透视、建筑设计基础、形态构成(平面构成、色彩构成、立体构成)、公共建筑设计原理和中外建筑史等。

②课程设计(主干课程):主要以实践性方案设计为学习内容,以常见民用建筑设计分类为基础进行专项训练,一般一学期完成2个设计题目。主要包括:建筑设计1~12、快题设计、城市设计和毕业设计等。

其中,建筑设计1~12为建筑类型训练,内容包括别墅设计、幼儿园设计、中小学设计、汽车站设计和图书馆设计等单体建筑设计;还涵盖群体建筑设计和城市设计,如商业街设计、住宅小区设计等。

③专业理论课:主要为学生进入高年级后(大三之后)在本专业需要掌握的专业性较强的核心理论课,如建筑力学、建筑结构、建筑物理、建筑设备、建筑经济学和建筑法规等。

④实践类课程:主要以实习或实践的课程形式开课,目的是强化学生的动手能力,使其能理论联系实际,更好地学习本专业实操性内容。主要包括:美术实习、建筑认识实习、模型制作、古建筑测绘和建筑师业务实践等。

2)城乡规划

①专业基础课:由于城乡规划与建筑学同属一个大学科门类,且为相近专业,所以专业基础课的开设基本相同,主要以训练专业所需要掌握的专业基本功为目标,通识性地掌握建筑设计基础知识。主要包括:美术训练(素描、色彩等)、画法几何及阴影透视、建筑设计基础、形态构成(平面构成、色彩构成、立体构成)、城乡规划原理和中外城市建设史等。

②课程设计(主干课程):主要以实践性规划方案设计为学习内容,以国家法定规划为基础进行专项训练,同时在低年级阶段(大三之前)还需要进行一定的建筑设计训练,一般一学期完成两个设计题目。主要包括:建筑设计1~6、总体规划、控制性详细规划、修建性详细规划、概念规划、快题设计、城市设计和毕业设计等。

③专业理论课:主要为学生进入高年级后(大三之后)在本专业需要掌握的专业性较强的核心理论课,如城市社会学、城市生态学、城市地理学、建筑设备、城乡基础设施规划、城市道路与交通、城市管理与法规和城市设计理论与方法等。

④实践类课程:主要以实习或实践的课程形式开课,目的是强化学生的动手能力,使其能理论联系实际,更好地学习本专业实操性内容。主要包括美术实习、城市认识实习、模型制作、古建筑测绘和城乡规划师业务实践等。

3.1.5 专业技能

步入建筑学和城乡规划专业学习,大家应该掌握和具备一定的基本技能,这些技能是成为职业建筑师和城乡规划师的必备能力。建筑设计与规划设计都以空间设计为主,空间设计在一定程度上是相对抽象的,同时设计师的设计意图和想法在一定程度上带有感性的色彩,所以设计方案的传达需要借助相对具象的图示语言并以图纸的形式进行表达。这就要求职业建筑师、城乡规划师除了具备扎实的理论基础外,还要具备熟练的图纸表达能力。因此,建筑师与城乡规划师需要学习和掌握基础理论、图示表达技能和一定的感悟力。具体需要注意掌握的技能概括如下:

(1)语言表达能力

客观上,设计属于服务行业。从事服务行业,与不同的人沟通和交流是必须具备的工作能力。从事设计业也是如此。在设计工作中,要学会与不同专业、不同想法、不同需求乃至不同目的的人沟通交流,才能更好地理解设计委托方或合作伙伴的意图。同时,应具备向别人清晰表达自己的设计观点、设计意图的口头表达能力。好的设计方案更应该有好的方案阐述,让甲方或者评审专家能深入地了解你的设计想法,深刻理解你的设计意图,身临其境地感受你的设计,这将为你的设计方案锦上添花,从而达到意想不到的效果。

除了口头上的语言表达能力外,对职业建筑师和城乡规划师来说还应具备一定的书面语言表达能力。尤其是职业城乡规划师,通常需要在编制国家法定规划的过程中负责编写规划文本和规划说明书,这些系统性极强的设计文件对城乡规划师的文字功底要求极高。

(2)调研分析能力

开始进行一个设计项目时,一方面首先要进行前期的调查,系统地了解整个项目的设计要求、设计背景和场地概况等,使我们对设计对象的认识从感性认识上升到理性认识;另一方面应该对调研收集的各影响要素进行分析研究,从而得到设计的有利条件、制约条件等。所以,调研分析工作能使我们有目的性地、有针对性地、客观理性地开展具体的方案设计。

(3)手绘表达能力

职业的建筑师和城乡规划师在中国古代社会中被称为匠人、手艺人。所以从本质上讲,即使发展到今天,建筑师与城乡规划师依旧还是"靠手吃饭"的脑力劳动者,即便在计算机技术和辅助设计软件日新月异的今天,计算机依旧没有办法取代设计师的大脑和双手。建筑师和城乡规划师将大脑与双手进行配合,能够最快、最直接、最准确地表达设计想法。所以,手绘表达能力也是职业建筑师和城乡规划师的必备技能。

(4)图纸表达能力

所谓图纸表达能力,即将自己对空间和形态的设想用图的形式反映为具体的形象,这是建筑师和城乡规划师的基本功。建筑师与城乡规划师要学会利用图纸表达自己的思想。很多时候设计思想和设计意图是很抽象、很难用语言表达的,所以多数时间设计师需要借助图纸进行表达,我们将这样的表达方式称作图示语言。常见的图纸包括平面图、立面图、剖面图、效果图和各种分析图等。利用图纸表达也更容易让非专业人士读懂设计师的设计方案,因此,建筑师与城乡规划师在执业的过程中要学会"用图说话"。

(5)动手能力

设计师在进行方案设计时通常需要对方案进行推敲,对具体的空间进行观察和感受,需要将实际空间缩小比例制作成实体进行体块和空间的推敲,通过模型直观地观察和感受空间形式和体块关系,我们将这种小比例的实体称为模型。实体模型是一项建筑设计中常见的表达形式,也是最直观的表达形式。实体模型比较容易进行多角度观察,实体模型有利于帮助设计师理清设计逻辑,并辅助进行方案构思和效果展示。由于做模型是对物质实体的操作,为了简化操作,操作者会不自觉地将实体的秩序进行整合,这种整合会使得建筑的各方面都得到整合。模型常常需要设计师根据设计方案手工制作,所以制作模型也成为建筑师和城乡规划师等设计类职业的必要技能。

除了模型制作之外,建筑师与城乡规划师的动手能力还体现在实际搭建能力和制图能力上面。建筑学和城乡规划都是实操性很强的专业,"纸上谈兵"是不能解决建筑和城市建设中的实际问题的。

(6)计算机辅助设计的技能

建筑与城市一直处于不断的发展中,建筑设计与城乡规划设计行业也在不断发展,新技术、新材料、新理念层出不穷,从来没有停止过发展的脚步。随着设计要求和设计难度的不断变化,仅靠传统的"趴图板"的设计方式显然不能适应当下设计的需要,所以设计师需要借助计算机辅助设计,掌握相应的设计类软件。建筑设计和规划设计中常用的设计类软件主要有:AutoCAD、Revit、SketchUp、PhotoShop、3Dmax、犀牛 Rhino、天正 CAD、ArcGIS、控规 CAD 等。在众多的设计软件中,通常使用 CAD 处理平面二维的基础图纸,如平面图、立面图和剖面图,因为这类图通常由不同的线条组成,CAD 则很擅长处理线条图形;通常使用 SU(SketchUp)、3Dmax、犀牛等软件处理三维立体的设计内容,如建立三维立体模型等,方便模拟真实空间来观察和推敲方案;通常使用 PS(PhotoShop)对各种图纸进行后期表现处理,如上色、美化、出图排版和制作效果图等;除此之外,在设计中还经常需要对三维模型进行渲染以达到较为真实的图纸效果,如使用 V-Ray、Enscape、Lumion 和 Twinmotion 等软件。所以,设计师应该掌握平面、立体和后期三个阶段的每个阶段相应的辅助设计软件,这些是现代职业建筑师和城乡规划师必须掌握的技能。此外,近几年国家推行"多规合一"和国土空间规划体系,城乡规划编制的技术手段也在经历变革,规划编制过程中更多地使用到了 ArcGIS、Spss 和 Citespace 等一些空间数据分析和可视化软件。由于设计软件的更新迭代速度非常快,不能奢望设计者掌握所有的设计软件,所以建议大家对软件的学习不要太多而要求精。

3.2 专业素养要求

1)专业知识

建筑师与城乡规划师必须积累足够的专业知识,这是入行的门槛。优秀的职业建筑师或城乡规划师一般都不会太年轻,设计行业(尤其是建筑设计与规划设计行业)甚至被认为是"老年人的职业"。这是因为积累建筑技术知识、建筑法规规范知识以及对国内外很多优秀建筑作品的理解、剖析需要足够的时间和长期的经验积累。诸多年轻的建筑师认为自己有灵感、有创造力、有充沛的精力就可以设计出优秀的作品,殊不知优秀的作品固然需要这些优点,但更需要实践经验的积累,需要时间的沉淀。

设计实践的完成需要理论知识的支撑。建筑学和城乡规划都是专业性极强且知识体系十分严谨的学科。所以在学习的过程中,知识学习的阶段和具体设计对象的变化都呈现严格的学习顺序和要求,并且环环相扣,每一个内容都支撑着下一阶段内容的学习。同时理论知识也是理性设计思想的来源,是提供给设计师将感性想法上升到理性设计手法的基础。

2)逻辑思维和分析能力

建筑学与城乡规划都是综合性学科,需要学习的内容比较庞杂。从大的方面看,涉及政治、经济、文化;从小的方面看,涉及原则、造型和材料等。这让初学者比较难入门并较难找到明确的学习方法。所以往往大家觉得设计有时只能意会不能言传,设计是凭感觉和灵感进行的。

设计的过程需要经历"感性—理性—感性"的过程,设计本身是解决问题,是一种逻辑思维的培养和训练,在多重矛盾中找到合理的解决方案,同时又要受到各种技术规范的约束,这就要求设计师要具备更理性的逻辑思维。清晰的逻辑思维能够帮助我们在众多相互制约的设计条件中找到出口,更清晰地表达思路,更准确地表达设计意图。严谨的逻辑思维下生成的设计方案能更好地落实到实际工程建设中,也能帮助设计师更好、更清晰地表达自己的方案。所以,严谨的逻辑思维是职业建筑师与城乡规划师的基本素养。

逻辑思维在设计中还能帮助设计师进行分析判断。建筑设计是从分析问题开始的。周边环境对建筑的约束和暗示、使用者的需求、项目的市场定位、建筑的性质和特征,都是建筑师必须纳入分析判断体系的影响因素,通过众多影响因素的共同制约找到合理的解决方案并形成最初的设计构想。

3)统筹与宏观意识

设计从来都是复杂且系统性极强的工作。一个设计项目从项目前期到方案设计再到施工建设,其中包含很多工作内容和设计阶段,各个阶段都需要团队的配合才能完成,团队是设计行业开展工作的基本单元。所以,如何在设计中统筹诸多工作内容、协调各方关系和管理设计团队就成了职业设计师应具备的重要能力,且这一阶段成为职业设计师职业发展的较高阶段。所以参与一项设计项目并不难,难的是如何管理主持一项设计项目,这是设计师执业道路上需要不断提升的能力。当然想具备良好的统筹能力就需要我们注意培养自己的宏观意识。宏观意识要求我们在学习和工作中能全面系统地看待问题,具有前瞻性,未雨绸缪。这尤其是职业城乡规划师在规划设计中通常应具备的职业素养。看待问题的全面程度决定了设计师视野的开度和广度,也决定了设计的深度。

4)审美观

美是人类改造自然、改造环境的各种活动中唯一的积极效应。建筑大师维特鲁威曾提出过判断建筑优劣的标准:"坚固、实用、美观。"审美能力是建筑师必须具备的基础能力,这一能力既是建筑师作品的灵魂所在,也是建筑和城市传达给普通大众最直观的感受,没有美的元素的建筑只是冰冷的堆砌。

5)创新精神

每一栋建筑,每一座城市都有自己的思想,体现着不同的文化、历史、风格。建筑更是一个时代的写照,是对社会经济、技术、文化的综合反映。所以在建筑设计中,应根据时代的特征体现出建筑师的创新,赋予建筑物独特的意义。创新是最高生产力,只有不断地创新,才能使建筑设计和规划设计更好地推动城市的发展;只有不断地创新,才能使设计作品不断地推陈出新;只有不断地创新,才能促使新思想的迸发。所以,创新精神是行业发展的根本动力,也是从业者应该具备的素养。

6)洞察力

建筑活动是社会、政治和经济活动的综合产物,建筑是社会进步、物质文明及经济发展的体现。城乡规划是政府行为,是国家对于城市发展的政策体现。职业建筑师与城乡规划师应该具有对市场和政策走向的敏锐洞察力,才能清晰地判断设计市场的需求。

7)团队协作精神

建筑设计与规划设计是一项多学科综合性劳动,它涉及社会、政治、经济、文化、施工、管理等各个领域,因时间、地点、条件的不同,常常是多因素、多层次的综合。从构想到设计完成,从可行性研究到项目建成使用,这中间经过很多人很多环节的共同劳动,而绝非一个人所能完成的。所以在日常工作中,多工种多专业的团队配合是常规工作状态,每个人扮演团队中的一个角色并做好分内的工作,所以要求大家具有团队协作精神,学会与其他专业的技术人员交流、沟通共同工作,这样才能达成共同设计目标。

8)沟通与交流

表达和沟通合称"交流",是说明自身意图、进行讨论,并接受反馈意见的过程。在日常的设计工作中,常见的交流形式主要有:面对面讨论式的交流、专业人士和非专业人士之间的交流、专业业务上的交流等。

首先是面对面讨论式的交流,这样的交流形式在日常工作中最为常见,如方案讨论。这种形式的交流一般会配合徒手绘图,徒手绘图可以迅速而概括地表达设计意图,也可以用来记录,很适合面对面的交流。

其次是专业人士和非专业人士之间的交流,这样的交流一般多数是与项目甲方进行的,如方案汇报。这样的交流需要设计师能将专业的信息转化为通俗易懂的语言,并且能在交流中很好地洞察甲方的意图。如在方案汇报中经常使用效果图,因为效果图可以很真实地表达建筑形象和空间氛围,能够缩小图纸和现实的距离,在专业人士和非专业人士的交流中必不可少。

再次就是专业业务上的交流,这样的交流多出现在各工种配合的时候。这个时候就需要设计师能够专业严谨地表达自己的观点,同时能够对其他工种提出的建议和意见进行记录和整理以便交流结束后进行修改和调整。各工种设计师之间良好的交流能力有助于理解相互的需求,更好地配合,同时交流过程中充分表达也使建筑师自身思想的实现成为可能。

9)责任感

建筑师与城乡规划师在执业过程中应该具有责任感,这种责任感包括对社会、城市、建筑的建设与发展所担负的使命。建筑师与城乡规划师所担负的社会责任应该是一种自发的、积极的、存在于潜意识中的。建筑师与城乡规划师不但是环境的营造者,更应该肩负历史和文化的传承和保护的责任。人工环境与自然环境应有高度的协调共融关系。只有尊重自然的"人本"观念,才能获得大自然的最大和谐和认同,建筑师和城乡规划师还应肩负尊重自然和保护自然的责任。

10)法律法规

在建筑师与城乡规划师的执业过程中,有着非常严格的法规体系,其中包括了法规系统、技术系统、运行系统和行政系统。不管是建筑设计还是规划设计都要遵守这些法律法规、规范条例和技术标准。这是对行业规范和职业底线的有力约束和限制,只有严格遵守才能保证行业和市场的健康良性发展。一个成熟的建筑师还应该具备在实践中正确理解和执行规范的能力。

11) 经济学素养

绿色、节能、环保的设计理念是职业建筑师与城乡规划师应该坚持的理念。建筑和城市的设计建设的最终目的是促进经济社会发展，从另一个角度来说其也是经济发展的产物。所以，建筑设计和城乡规划始终与经济发展和经济学有密不可分的关系。尤其是职业城乡规划师，更应该具备一定的经济学知识，这样才能在城乡规划中更好地把握经济发展的方向。

12) 哲学和宗教

建筑本身不是目的，建筑的目的是获得它形成的"空间"。建筑就是一种场所，城市是人们生活工作的各种场所的集合。场所具备某种功能或者是特定的意义，它是可以被定义的，可以被人的思想和人们的行为所定义的，这就为建筑增加了精神意义。这就是我们常说的建筑哲学。

中国作为一个有着五千年文化的国家，当然有着自己的建筑哲学。中国的建筑形制和材质，以及其他的功能都无不带有中国本土的哲学，其在清朝或清朝以前的建筑中被体现得淋漓尽致。中国的建筑哲学分为礼制的建筑哲学、天人合一的建筑哲学、自由生长的建筑哲学和多元化的现代建筑哲学。

现今保留的古代建筑中，除了宫苑，大部分是宗教建筑。如久负盛名的万神庙、巴黎圣母院等，其建筑不同的结构与特色形成了强大的感召力。中国受宗法伦理观念影响了五千年，宗教建筑遍布全国。宗教建筑把文化传递到它所到达的地方，同时也把哲学思想融入了城市的发展之中。与其说宗教是有灵魂的，不如说凝聚了人类智慧的建筑物具有强大的精神征服力。

13) 心理学

当代建筑技术发展是多元化的，建造技术已不是设计师们担心的首要问题，还有技术手段的多样性，反而使建筑设计者与大众无所适从，加入心理学及社会学的思考后将发现更多的建筑规律。

掌握一定的心理学知识，能有效指导建筑设计工作，并且对建筑理论研究有新的启示作用，让我们能从平面、立面的研究中跳出来，用另外一种思路来考量我们所设计的建筑，甚至试图用来探究设计者自身设计过程的心理反应，有效指导设计过程，并形成理论用于指导实践。反观格式塔心理学的研究历程，其主要学说极大地影响了知觉领域，从而也在某种程度上影响了学习理论，因此建筑心理学的研究应该注重"图形与背景""接近性和连续性""完整和闭合倾向"等领域。

14) 其他

由于目前国内大多数高校建筑学专业和城乡规划专业的招生对象，一般都是数理化学习为主的理科学生，所以进入高校学习建筑学和城乡规划这样的综合性专业的过程中需要恶补人文知识是在所难免的。人文知识并不能直接帮助你学好建筑学及城乡规划学，但是能帮助你更好地理解建筑设计和城乡规划，学习它们是底线，而不是目标。

（1）城市社会学

城市社会问题是城市社会学的基本范畴之一，也是城市社会学研究的重要内容，而城乡规划的出现就是为了解决社会发展中的问题和矛盾。这就意味着应该把城市社会问题的研究放到关于城市社会的构成与发展的综合研究中，放到城乡规划的范畴中，而不仅仅把城市社会问题作为城市社会学的研究对象。

城市社会学主要以城市结构、城市生活方式和社会组织为研究对象,或以都市的区位、社会结构、社会组织、生活方式、社会心理和社会发展规律等为主要研究对象。这种观点从外延角度试图揭示这门学科的研究对象,从而很容易与城乡规划专业相结合。

城市社会学是用社会学的观点来研究城市与城乡规划,研究城市中的个人、城市中的文化、城市的社会体系。城乡规划科学趋向于建立城市各构成要素在空间层次上的作用与关联,强调平衡、协调、整合各社会利益团体对于城市发展的不同需求,社区及社区规划设计日益受到关注。和谐社会的构建,需要规划教育领域的变革,尤其是需要向社会科学领域进一步拓展,增加城市社会学类课程,如城市社会学理论、城市社会心理学、社会调查研究等。使城乡规划成为一门更具综合性的学科,使城乡规划师越来越多地拥有历史和社会责任感,拥有社会科学的洞察力,拥有足够的经济、社会发展方面的知识,能够清晰地判定物质空间规划背后复杂的社会经济利益关系,提高自觉维护城市公共利益和长远利益的意识和能力。

(2)艺术

建筑学和城乡规划专业入学就要求加试美术。入学前是否学过美术不是关键问题,入学以后努力一样可以学好。而且最重要的不是绘画技能,而是艺术的思维方法和一定的审美能力。学好美术对把握建筑中最难把握的感性因素非常重要。因为艺术集中代表了感性思维方式的作用,以及整个科学的理性思维互补共鸣,尤其是整体思维和综合感知。

(3)历史

建筑和城市都是历史发展的产物,同样是时代变迁的产物。在历史中我们可以汲取灵感和经验。所以作为职业建筑师、城乡规划师不掌握一定的历史知识是没办法设计出与时代共同发展的作品的。这也是为什么要在建筑学和城乡规划的专业课程中学习建筑史和城市建设史的原因。

3.3 社会和市场对毕业生的基本要求

对于一个刚刚毕业的建筑学及城乡规划专业的毕业生,要具备成熟设计师的各种技能是对他们的苛求,但他们应该达到一些基本要求才能适应市场的需要,也才具备成长为职业建筑师、城乡规划师的基础条件。主要包括以下几个方面:

1)审美素养和基本的建筑感觉

毕业生所掌握的场地与空间设计等方面的知识常与实际项目所需要的知识有一定的距离,同时缺乏对建筑作品专业客观的鉴赏能力的培养。而且由于缺乏尺度感,毕业生常常对城市空间尺度、建筑群体空间塑造缺少基本的感觉与能力。这会使得学生在参加工作后的设计方案与实际项目的需要脱节,不能很快投入工作。

在本科学习阶段要注意培养自身的审美和空间感知能力,多观察多感受,主动感知建筑空间、尺度,有意识地接触艺术作品,参观艺术展,培养自身的艺术素养。

2)对设计的步骤和程序初步了解

建筑学和城乡规划专业的毕业生在毕业后会马上进入实际设计项目工作中,会和各专业人员进行配合。为了更好地配合和工作,这就要求毕业生对设计的步骤和程序十分熟悉和了解,并形成良好的制图习惯和制图顺序,这样才能更好地和其他工种进行配合,提高工作效率。

3) 绘图技能

对建筑学和城乡规划专业的毕业生而言,绘图是必须掌握的技能,因为绘图几乎是职业建筑师和城乡规划师全部工作内容和全部能力的体现,也是反映设计技能的主要途径。所以如果你想胜任设计院、设计公司的日常工作就必须掌握这项必要技能才能被市场接受。

4) 表达能力和沟通能力

表达和沟通能力是职业建筑师及城乡规划师必备的能力,也是大多数毕业生所缺乏的,需要在工作中不断提升。一个好的设计师不但要会通过图纸表达自己的设计意图,还要能通过语言和交流让专业或非专业人士了解自己的设计意图。所以在学生阶段就要注意培养自己的表达沟通能力,以便在之后的工作中能更全面地展示自己的设计。

3.4 专业路线

建筑学和城乡规划专业本科阶段的学制为五年,由于学习内容较多,本科阶段的教学目的主要是学习基本理论和培养基础的设计技能。而更多的专业内容是需要大家在今后的学习和工作中长期补充学习的。所以建筑学和城乡规划是一个"活到老学到老"的专业。这就需要同学们规划好自己的专业路线。基本上,以后从事实践工作的,如果不惧怕与施工现场面对面、能耐心处理无比烦琐的施工图、建议可以考虑偏重建筑技术的实践工作;如果喜欢做理论研究或者教学工作、甘于枯燥的理论探讨和诲人不倦的教育工作,建议可以考虑偏重继续深造和研究型工作。当然,即使目标明确,也不能有失偏颇,全面发展才是学好一个专业的基础。

3.4.1 设计技能为主的路线

如果毕业后计划选择就业的同学,应重视建筑设计与规划设计的实际技能。

(1)全面理解建筑设计与规划设计任务的流程

不论是建筑设计还是规划设计都不是一个"提出问题,解出答案"的简单过程。理解设计任务的关键是对设计任务前因后果的全面和深入了解,从而整体把握建筑从设计到实施的全过程。从策划立项到了解业主的意图,理解并能自行编订合理的任务书,了解建筑设计从接任务到提交方案以至于工地监督直到交付使用,这一整套业务流程必须熟练掌握。其中特别不同于一般工作的是制订任务书。任务书制订的背后是对整个设计事件的综合把握能力,值得大家从第一个案子开始留意学习。建筑设计不是一个针对任务的非此即彼的答题过程,而是一个理解驾驭业主动机和社会环境限制并协调各方面利益的价值实现过程。这一能力的培养要花费多年的时间,一般在本科毕业之前多数人达不到这一要求。

调研也是一项很重要的环节。将与设计任务相关的方方面面的信息在短时间内搜集并整理出来,是一个基本功。调研发现,总有很多超出所有人意料之外的影响因素,这是一个完善题目和逐步形成答案的过程。

（2）快速发散的多方案草图构思能力

所谓草图构思能力，就是要能迅速发现多种可能性并迅速形成草图方案的能力。而且在草图形成的同时，要能够考虑到一些重要的细节（比如最终形态特征和基本功能结构的搭建）。这一点没有别的办法，一是多画草图，推敲功能和形体；二是每个设计都深入细致地思考并反复推敲精益求精；三是认真并大量地阅读和了解一些优秀、经典的设计作品。在本科阶段比较实用的是根据设计题目搜集案例。在每个设计任务之前搜集和调查同类型的案例，这是设计师在入门阶段一直都要保持的习惯。因为本科学习阶段，主要是学习、模仿而不是创作、创造。所以品鉴和咀嚼经典案例的过程是本科阶段的重要学习方法。只有先了解成熟的设计师是如何进行设计的，而后才能以之为基础进行模仿、学习和积累，进而设计自己的方案。

草图构思总的来说是必须用手进行的，电脑到大脑的距离比手到大脑的距离远。同时，构思平面关系和透视效果也是必需的，草图构思一定是构思建筑的整体及其与环境的关系，而不是平面—立面—形象这样的流水线。综合形象与逻辑思维同步很重要。当然这一能力也是需要多年培养和训练的。

（3）娴熟的电脑绘图技巧和良好的操作习惯

什么是建筑学的基本功？传统的建筑学教学一直将墨线、水墨渲染、水彩渲染当作基本功。因为那时候墨线和渲染确实是建筑设计的基本工具。基本功就是指针对当时建筑行业基本设计工具而需掌握的技能。当下电脑制图作为建筑设计的基本手段已经是行业现状，所以熟练的计算机绘图能力也成为当今设计师的基本功。当然对本科阶段低年级的学生而言，传统的手工绘图技能仍然是本专业内必须掌握的基本功。具体操作上，最好是双管齐下，方案草图阶段坚持手绘，正式成图再用计算机出图。

（4）大量设计资料和素材的积累

建筑学和城乡规划专业需要掌握的知识内容较为庞杂，所以建筑师和城乡规划师不是专家而是杂家。学习建筑学和城乡规划专业重要的就是要见多识广，正所谓读万卷书行万里路。所以本专业的学生应该养成大量涉猎相关信息和知识的习惯，利用好课余时间多走多看。在这个过程中注意积累，尤其是在设计中经常会用到的资料和素材。一部手提电脑、一部小巧的数码相机、一本速写本、一支钢笔都可以帮助我们采集资料和素材。

除此之外还应该养成经常翻看专业期刊和书籍的习惯，其主要作用在于拓宽自己的视野，了解行业的最新信息和研究趋势。

3.4.2 理论学习的路线

对设计理论、专业知识、建筑史和城建史擅长或者感兴趣的学生，可以考虑今后继续进行理论学习或者进入高校教学。理论学习路线要注意培养学术阅读的习惯和能力。具体培养路线建议如下：

（1）对各种建筑史规划史的娴熟了解

一切研究都始于对历史的研究。历史是现代理论形成的基础。中外建筑史和中外城市建设史是在专业学习中接触较早的史学内容，是进入高年级学习专业理论课的基础，也是今后进一步进行理论学习和研究的基础。初学者可以从古代史到现代史，建筑史结合城市建设史这样的顺序进行了解和学习。专业不同侧重不同，建筑学专业侧重中外建筑史，而城乡规划专业侧重中外城市建设史。再有精力可了解各种其他方面的历史。读历史的过程,其实就可以同时了解经典作品和经典理论。

(2)资料搜集和管理能力

资料是研究的基础,搜集整理资料是专业学习必备的基本技能。如果希望有良好的学术发展,从起步就认真地整理好自己的资料很重要。除了日常调研收集照片、做过的设计等都要清晰地整理归类之外,还包括大量的电子版书籍和资料。基本的资料积累模式:一是书籍的购买,因为书籍是人类目前为止最主要也是最正式的资料积累方式;二是记录设计师笔记,将日常设计过程中的收获和重要知识点以图文配合的方式记录下来。有时灵感转瞬即逝,当然也可以随手记录一些自己的设计灵感以便在日后设计中使用。所谓不动笔不读书;其次,零星的资料要学会随时收集并整理,放在个人电脑或者硬盘里。不管是以后做设计,还是做作品集申请出国或找工作,都用得上。

另外要特别重视目录线索。很多时候你没有时间去具体了解某些知识,但是记住它们的目录线索很有用,利用检索工具就是其中一种办法。各个学校图书馆都拥有丰富的图书资源和电子资料资源。但是由于建筑学和城乡规划专业本身知识相对庞杂,查找积累就比较困难。这时候就要自己有个结构良好的资源总目录,不断地把有价值的目录线索补充进去,有空的时候可以去查找研究,如各种著作、论文、期刊、零散的小文章、报告讲座、导师的指导言论、专门性的网站、文献数据库等,这些都对自己的专业极为重要。

电脑上资料的整理,首先要分大类。分类过于复杂的话,备份会非常困难。从一开始整理资料就要有长期考虑,因为现在大硬盘的普及,最合适的办法是一份硬盘备份加一份 DVD 备份,或者双硬盘备份。因为硬盘一般只有 5 年寿命,光盘又容易磨损,双份备份才保险,而且要至少有一份硬盘才方便用,光盘则不便于日常查看。

3.4.3 继续教育路线

现阶段毕业生就业压力大,很多学生选择毕业后接受继续教育。基本来说,是否选择继续教育,需要在决定之前,对自己今后的专业发展诉求进行评估,对自己今后的职业发展进行长期的规划。继续教育不只是学历的提升,更是科研思维的培养过程,继续教育是一个长期的过程,少则 3 年,多则 5 年或更长,如果热爱自己所学专业,希望在专业学习上有所提升,建议进行硕士或博士的学习研究。

3.5　实践

建筑学终究是一门实践的学科,实践经验是至关重要的。把实践调研放在最后,一方面是因为它的决定性价值,另一方面也因为实践不能是"纸上谈兵"。本科阶段的实践活动与今后的职业发展有更为直接的联系,因为本科学习阶段更多是按部就班的基础理论学习,实践的机会相对较少,所以若能够利用好课余时间多参加一些工程实践、社会实践或者参与游学活动是最好不过的。国内虽然不像欧美国家的学生有那么好的游学条件,但还是有很多可看的,尤其是古典建筑和城市,规划和利用好各个假期多参加一些实践活动,多出去走走看看,必定会受益无穷。

3.5.1 如何实践

外出参观调研建筑、园林或城市,相机和速写本都需要。首先,拍照也是建筑学和城乡规划专业需要掌握的一项基本技能,这是从梁思成先生创系之初就有的传统。建筑师的整个职业生涯,都离不开相机,拍好照片不但能积累资料,也能加深对建筑的理解。

其次,务必携带速写本,现场进行手绘速写,也是一种实践手段,当然时间成本更高。认真写生一段时间,你就会发现花费的时间精力是绝对值得的。设计大师们很多热衷于速写,虽然他们并不见得画得好,但这绝不妨碍你从现场速写中受益。重要的是动手去画,而不是是否画得好看。

具体的参观调研,主要有城市、园林和建筑三类,这些内容对建筑学和城乡规划专业而言都是需要了解的。在本科学习阶段尽量规划好每个假期实践和参观游学的内容,带着问题和专业上的诉求去参观。

除了参观调研这样的实习方式之外,去设计单位和工程单位实习也是成为职业建筑师和城乡规划师的第一步。学校的学习与实际的设计工作之间是有一定距离的,如果想毕业后能快速地找到单位并进入工作状态,那么设计单位和工程单位的实习经历是十分重要的,它在学习与工作之间架起了一座桥梁,能让你快速地将书本上的知识转化成实操能力。

3.5.2 硬件准备

建筑学与城乡规划专业的学习需要一些必要的学习工具。首先要有一台个人计算机,因为今后的学习和工作基本上都是在计算机上完成的;其次最好拥有一台数码相机,至于是单反相机还是卡片相机并不重要,因为主要目的是记录图片和一些不便复印的资料,当然这部分工作也可以用手机来完成。另外就是速写本,速写本是专业学生和职业设计师手边必备的工具,可以方便随时记录草图、设计想法和建筑场景。除此之外,还应该准备一支使用顺手的钢笔,方便记录和勾画草图。随着时代的发展,现在更多设计师习惯使用平板电脑来完成一些日常工作。

当然本质上最重要的硬件还是自己的身体。除了日常的学习工作之外,坚持简便易行的有氧运动是很重要的。因为职业建筑师和城乡规划师日常工作强度比较大,且久坐,所以进行适当的体育锻炼,保持良好的身体状态是十分重要的。

3.6 经验的累积

建筑学,从广义上来说,是研究建筑及其环境的学科。建筑学是一门横跨工程技术和人文艺术的学科。建筑学所涉及的建筑艺术和建筑技术,它们虽有明确的不同但又密切联系。

城乡规划,是研究城乡的未来发展、城市的合理布局和综合安排城市各项工程建设的综合部署,是一定时期内城市发展的蓝图,是城市管理的重要组成部分,是城市建设和管理的依据,也是城乡规划、城市建设、城市运行这三个阶段管理的前提。

建筑学和城乡规划是技术和艺术相结合的学科,技术和艺术密切相关,相互促进。技艺在学科发展史上通常是主导的一方面,在一定条件下,艺术又促进技术的研究。建筑学和城乡规划专业的学习,和我们以前在高中所学课程,甚至与大学其他的工程类专业都有很大的差异。多数工程类学科是完全可以通过线性学习得到阶段性成果,并最终基本掌握的,而建筑学和城乡规划专业的学习,其多数的成功法则都在"悟",因此需要大量的练习和思考,必须经历"看、临、思、练、创"的过程,即大量地看别人的作品、大量地临摹、大量地思考、大量地练习,从而最终达到可以自主创造的水平。

建筑师和城乡规划师需要累积以下经验:

①专业基础知识,如相关美术基本功、设计基础理论、建筑史、城市建设史等。

②计算机制图软件:

a.技术图纸辅助设计类:AutoCAD、ArcGIS、天正建筑、REVIT、湘源控规 CAD 等;

b.3D 模型制作类:SketchUp、3Dmax、Rhino 等;

c.效果图渲染类:V-ray、Lumion、Artlantis_Studio、Enscape 等;

d.后期处理类:PhotoShop、Illustrator、InDesign 等。

③艺术:手绘能力、色彩感、空间感、尺度感、艺术鉴赏力等。

④语言:沟通能力、方案表述能力、应用文写作能力等。

3.6.1 建筑师及城乡规划师积累经验的途径

(1)课程设计

建筑学和城乡规划专业的专业核心课是建筑设计和规划设计。设计课的课程内容包括对项目策划、各类型方案设计和施工图绘制等多方面能力的训练。设计课在建筑学和城乡规划专业学习中会一直伴随到毕业,其中的训练内容几乎包含了五年学习中所有的理论知识,所以在课程设计中积累设计经验是最直接、最有效的途径。

(2)书籍杂志

建筑类和城乡规划类的刊物、丛书、各类工具书、规范标准等都是获得行业信息的有效途径。尤其是专业期刊,其中收录了很多以实际案例为基础的专业性文章,从这些文章当中可以收获大量有用信息并积累经验。

(3)交流与积累

向专业老师请教交流,向在某方面有见解的人请教交流,也是有效快速积累经验的手段。经验是一个职业建筑师、城乡规划师在学习和工作实践中逐渐积累的,这些经验是可以交流传递的,且设计类专业一直以来都是通过口传心授的方式进行学习的,同时作为在校学生接触实际设计项目的机会有限,所以通过与有经验的人交流是学生阶段积累经验的重要手段。

(4)网络

当下已经进入了网络时代、"互联网+"时代,通过网络进行学习已经是主要的信息获取方式,充分地利用网络也是积累经验的重要途径之一。建筑设计和规划设计类网站最常见的国际网站有 Archidaily、Archello、谷德设计网 gooood 等;国内有"MFD 设计师导航""ArchiName 筑名导航""筑龙网""国匠城"等,可以从这些网站中找到设计素材,学习优秀的设计案例等。另外,通过学校的数据库可以检索行业最新的科研学术论文,也可以通过数据库进行文献传递。

（5）实践实习

经验是实践的产物，通过实践获得经验是经验取得的最主要途径，且相比其他方式，这样的方式更为直接、有效。美术实习、建筑与城市认识实习、古建筑测绘实习、设计师业务实习、毕业实习等都是在本科学习阶段主要实习内容，其中设计师业务实习更是需要半年之久，也是从学生到职业建筑师、职业城乡规划师的主要衔接。在这个过程中能收获在课堂中不能得到的设计经验，所以希望在学习阶段一定要认真对待各项实习。

（6）日常生活

生活是每个人最好的老师。在日常生活中，留心观察客观自然环境、各种空间、人的行为方式，在生活中学会思考，同样能将很多灵感和想法运用到设计中。作为初学者，我们更需要对所有可能牵涉的设计元素，进行审慎的搜集和梳理，不要因为先入为主的看法而忽视那些不起眼的角落，有可能真理就潜藏在那些地方。

（7）旅行

总的来说，建筑学和城乡规划是研究人、人居环境、空间环境及其相互间关系的学科。旅行是建筑学和城乡规划专业人员感受生活、认识城市、获取灵感的途径。在旅行中，会体验到很多不同的建筑室内外空间，会看到很多不同于别处的城市和建筑文化，同时产生一定的认知和记忆。旅行，会接触不同的社会、不同的人文、不同的生活，还会面对不同的环境、不同的场景，这些对建筑师和城乡规划师来说都非常有启发意义。旅行是有别于城市生活或生存的另外一种感受。我们在旅行中会感受到不同地域的风土人情、地方文化、文明乃至于生产生活，当然也就是在体验不同的时空。很多时候我们的一些设计内容其实就是在认知建筑、城市和生活的过程中保留在记忆里一些美好片段，从一定的意义上讲，这些片段就是设计的灵感。旅行对设计师的意义就在于此。

3.6.2　建筑师及城乡规划师技能积累的训练方法

1）艺术

①色彩感：在具体应用方面应多看多想，耳濡目染久了，量变自然会引起质变。除此之外，还要明白为什么这些色彩搭配会和谐。另外，某些颜色会随着时间的流逝，因为特定组织或特定用途的使用而被赋予特殊的寓意。可以自学色彩学，如各种颜色的暗示，搭配的基本原理，这些都会在设计中发挥作用。

②素描和色彩：这是在本科学习阶段必须修炼的技能，也是设计师接触美术教育的主要内容，如画几个组合体、物体结构、建筑等，从不同角度去画去感受。

③敏锐的观察力：作为一名设计师，需要具备对一件物体从不同角度进行观察的能力，一件物体角度哪怕只变了一点点，样子也可能会截然不同，这会给观察者不同的视觉感受和不一样的设计灵感。

2）手绘表达技能

（1）建筑手绘要点

①线条：线条是房子的砖，基本的手绘书都有介绍。

②排线：排线是房子的墙，整整齐齐的墙看起来就会有气势。

③起形：就是指作画开始应抓景的基本轮廓。简笔画、速写等都能强化这方面能力。

④层次:到了层次这步算是开始入门了,以二维展示三维,靠的就是层次感。一般纯线稿基本靠明暗来区分,淡彩的话还要用色彩冷暖等加强画面。

⑤画面:涉及基本的美学构图、画面意境等。前期可以先模仿,积累多了就有自己的见解了。

(2)手绘练习

掌握了手绘的基本要点后,长期坚持手绘练习是提高手绘能力重要的训练手段。手绘练习应从以下几个方面进行:

①基本功练习。坚持定期进行基本功训练,充分利用空闲时间练习线条、透视和配景等。

②临摹抄绘。临摹抄绘也是设计入门的有效学习手段,用拷贝纸或者硫酸纸蒙在优秀作品或范本上可以快速进行抄绘。利用这样的方式,可以学习优秀的线条表达和方案表达,有利于初学者找到手绘感觉。蒙画抄绘也可以克服一开始画不好的挫败感,通过蒙图练习逐渐过渡到脱稿。

③脱稿再现。手绘的根本目的是作为设计呈现和思路表达的工具和手段,"丢掉拐杖,自己画"是训练的最终目的。通过一系列的基础训练达到能够利用手绘技法对绘制对象进行归纳、提炼及艺术性表达,最终能够在设计工作中利用手绘技能快速表达。练习中一定注意坚持画,日积月累就会看到效果。

④写生。写生是手绘练习的高级手段,需要具备一定的基本功和技法。写生练习初期可以通过对照片进行写生来降低难度。要尝试多做练习,注意景深关系、刻画细节和概括归纳,并多花一些时间学习特定内容细节刻画的技法,以尽快掌握画面的提炼能力。

⑤快速表达。快速表达是设计师的必备技能,同时也是受行业认同的设计师选拔考察方式。快速表达多以快题设计的方式呈现,进行快速设计需要对建筑类型、功能流线逻辑、设计规范和形体构成等内容进行综合性的掌握。通过快速表达可以进行"概括—精细—概括"的训练。

手绘是一切设计的基础,现代的建筑设计和城市设计需要在手绘的基础上再通过计算机进行辅助设计。掌握软件使用基础以后,通过实际项目自己慢慢摸索,找各类设计比较成熟详细的图纸临摹,总之是多练习使用软件,用的时候碰到各种问题然后解决问题,达到融会贯通。在工作和学习中注意收集一些设计素材(包括一些图块、图例、图集等)可以加倍提高自己的作图速度。在现实和网络上与相关人员交流分享操作经验,互相学习。

同时可以通过一些书籍或教程学习一些色彩理论。通过实际绘画、参加画展、对优秀图案例进行分析、通过对生活中大自然本身色彩的感官感受的思考来锻炼对色彩的感觉,多看拓宽眼界,多思考升华思维,多画修行技艺。再通过理论课程的学习,提升对建筑和城市的理性认识。身临其境到各类建筑或自然场景中(实地调研、参观旅游等)去感受不同的空间尺度。

3.6.3 建筑师及城乡规划师的经验积累

①建筑设计入门是最基础、最核心的环节。

②思考:建立建筑设计逻辑思维方式,学会从建筑师的角度去思考建筑、空间与人的关系。

③表达:掌握将思维具象化,向他人表达自己想法的基本技能,包括制图、模型、口头陈

述等。

④数理:熟记若干基本的数据,融会贯通,以便应用于实际操作,例如,人体尺度、常用结构数据等。

⑤调研:通过对实例的调研,学习前人的设计经验。

⑥实操:从最简单的设计开始,尝试设计。

⑦提高工作效率,培养清晰的逻辑思维,提高执行力,切忌拖延症。设计中从不存在完美的方案,也不存在完美的构思。能按部就班地完成设计,不让课程设计作业成为每天的压力,就能抽出精力去补充其他知识。

⑧随身携带速写本,课余时间多去图书馆。马克笔、速写钢笔随身携带,相机也尽量随身携带。努力做到一名科班专业学生应该有的学习状态和生活状态。

⑨资料搜集需要定期进行。刻意收集资料往往得不到好的效果。很多有用的资料和信息往往是在学习和工作中不经意得到的。需要搜集的内容通常来说包括:竞赛作品、渲染效果图、平面图、分析图、不同风格排版版式等,如 BIG 的全套方案图;CAD 常用图块,矢量素材,分析图素材,笔刷和字体,快捷键对照,渲染材质,SU 和 Grasshopper 常用插件和 Cluster、V-ray 的不同渲染条件设定参数等;教学视频和教程、建筑资料书籍和规范标准等;最后还有每次设计做完以后的心得总结,包括对于软件存在的问题的解决办法和优化。总而言之,平时的积累才能造就"实战"时的成功和高效。

课后思考题

1.结合建筑师和城乡规划师专业素养的要求,思考如何培养和提升自身的专业素养。

2.结合本章关于专业发展路线的内容,谈一谈自己的专业发展路线应该如何制定。

3.谈一谈自己对建筑学和城乡规划专业学习的认识和心得体会。

4

建筑师与城乡规划师的职业特性

4.1 职业建筑师

建筑设计师的激情可以从顽石中创造出奇迹——柯布西耶。

建筑是一门科学,但并不是一门"纯科学",它与社会、经济、政治、生活紧密地联系在一起。时代背景、社会意识和经济发展对建筑的影响是巨大的,从某种意义上讲,建筑需要跟随潮流、需要服务经济社会发展,这是无法改变的。这样的客观背景也决定了每一个时代的建筑师的平台。虽然一些有思想有个性的建筑师可以在时代潮流的风口浪尖上有所作为,但建筑作为一种社会集体的产品,有作为的建筑师、有影响的作品也一定是建筑师的力量和社会力量合成的产物。

4.1.1 关于建筑师的工作

建筑师,是指受过专业教育或训练,以建筑设计为主要职业的人。建筑师通过与工程投资方(即通常所说的甲方)和施工方的合作,在技术、经济、功能和造型上实现建筑物的营造。在越来越复杂的建筑营造领域,建筑师越来越多地扮演一种在建筑投资方和专业施工方(如建筑设备、结构设计等)之间沟通协调的角色。建筑师通常为建筑投资者所雇佣并对其设计委托负责。

人们一般认为建筑师是艺术家而不是工程师,但建筑师的作品首先需要从功能流线、消防疏散和工程力学角度来进行设计,选取合适的功能布局、工程材料和结构体系才能实现建筑的建造。有的建筑师的设计过于超前,甚至超出现有的材料能力限制,而无法实现成为真实的建筑。其次,建筑师的设计也必须赢得投资方的赞成,才能付诸实现。历史上也曾有许多非常有才华的设计方案,但因为不能完全满足上述两个条件而没能成为真正的建筑。

一个建筑生产的过程可以简单划分为策划—设计—招投标—建设施工—运营,其中,设计包含了方案设计、扩初设计和施工图设计。我国建筑师的职业范围只覆盖了设计这一部分,而国外建筑师的业务则涵盖了从设计到施工的全过程,而且企划中的建筑条件的确认和分析等内容也包含到了建筑师的职能范围之内。在我国,目前设计以外的工作主要由业主方来进行协调和控制,建筑师常常只是负责完成设计阶段的工作,从而成了不问设计条件、不知材料和造价、无权控制施工的"绘图匠"。因为建筑开发过程的暗箱操作极不规范,其他工作板块业主方实际上多以自己的开发部、建筑部和工程部来全程管理建筑生产的过程。

业主职能的扩大和建筑师职能的缩小使业余操作代替专业化,造成整个社会成本的上升。业主从非职业的权利角度,以透视图来指挥建筑师的作业,先看透视效果再定方案,建筑设计变成图面效果的平面设计。同时,业主的非专业介入,也破坏了建筑的建筑性和整体性,使建筑师失去了对建筑实体控制的责任和权利。加之施工现场建筑师监控地位的缺失,使建筑设计的实现大打折扣,反过来只会损害业主的利益。同时,由于割裂了建筑与技术之间的社会纽带,扭曲了建筑师的知识结构和技术修养,使建筑成为表现图上的形式盛餐和纸上谈兵。这种设计制度的缺陷往往使中国建筑不能精品化,更不用说原创了。

但随着行业的发展,越来越多的建设项目开始采用 EPC 模式操作。EPC(Engineering Procurement Construction)是指工程设计单位受业主委托,按照合同约定对工程建设项目的设计、采购、施工、试运行等实行全过程或若干阶段的总承包。与传统承包模式相比,EPC 优势更加明显,如更能发挥设计在整个工程建设过程中的主导作用,更有效地解决设计、采购、施工相互制约和相互脱节的矛盾等。

4.1.2 建筑师职业的要求

1)具有作出正确决策判断的能力及将其贯彻下去的宏观控制能力

建筑设计的过程是从分析问题开始的。地域环境和历史文化的约束、使用者的需求、项目的市场定位、建筑的性质和特征都是建筑师必须纳入分析判断体系的影响因素,这是对建筑师综合分析和判断能力的考验。而最初构想在设计全过程中的逐步落实,则取决于建筑师的宏观控制能力。从构想到施工图的完成,众多具体问题需要判断取舍、不断追溯和贯彻最初决策,将宏观决策转化为具体的解决方案,避免出现因为战术而改变战略的错误。

2)具备足够的专业知识积累

积累是建筑师必不可少的过程,其中不仅包括建筑技术方面知识的积累、建筑法规规范知识的积累、对国内外建筑作品的了解以及长期实践经验的积累,也包含对建筑创作经验的积累。正是由于需要足够的积累,建筑设计被不太准确地称为"老年人的行业"。一般来说,建筑师的成熟期都在 50 岁以后,而 50 岁以下的建筑师都属于"青年建筑师"之列。例如,现代主义大师柯布西耶设计最著名的朗香教堂时就是 63 岁。因此,建筑师需要充分积累,才能寻求到知识积累和创造力的平衡点。

3)对城市空间和建筑群空间尺度有良好的把握

创造亲切友好的城市和建筑空间,始终是建筑师的首要责任。空间尺度是建筑的基本问题也是当前一些建筑师在追求建筑理念时容易忽略的问题。城市和建筑群的空间尺度存在着基本规律,只有掌握了这一规律,才不会在建筑创作时出现方向性失误。观察空间、感知空间并记录空间是职业建筑师应具备的基本技能和习惯,以便于在设计中对空间能有更好地把握和利用。

4)审美素养和造型能力

"坚固、实用、美观"是维特鲁威提出的最早判断建筑优劣的标准,建筑的美学效应是人类改造自然唯一的积极效应,具备一定的审美素养是成为一个优秀建筑师的必要前提。人创造了建筑,建筑也改变着人们的生活,建筑的外观也会潜移默化地影响使用者的审美和情绪。建筑的美观有不同的表现形式,文化建筑的美表现在温文尔雅,商业建筑的美表现在生机勃勃,建筑的审美取向一定程度上代表了一个城市和国家的特征,也是当地社会人文的重要组成。缺乏审美素养的设计人员与其说是建筑师不如说是工程师。而在审美素养中尤为重要的是宏观造型能力。悉尼歌剧院、埃菲尔铁塔、巴黎卢浮宫入口等流传百世的著名建筑均可简练到用一根线条来表达,其震撼世界的一个重要原因即是其优秀的造型。

5)对使用者的关注和了解

不同地区、不同民族、不同行业、不同年龄的人对同类建筑会有不同的需求。建筑师必须关注其差异,提出有针对性的设计方案。这就需要建筑师有细腻丰富准确的生活体验,对各种社会现象进行认真的观察以及积极的思考,善于和使用者沟通,这往往比设计本身更重要。

6)表达和沟通能力

表达和沟通合称"交流",是说明自身意图、进行讨论,并接受反馈意见的过程,它包括建筑和思想两方面内容。建筑师的建筑表达能力,是将自己对空间和形态的设想用图的形式反映成为具体的形象,这是建筑师的基本功。首先是徒手绘图的表达能力,也就是我们常说的"手头功夫"。徒手绘图可以迅速而概括地表达设计意图,也可以用来记录,适合于面对面的交流。其次是电脑绘图的能力,电脑绘图可以精确地绘制图纸,便于修改,也可以很真实地表达建筑形象与空间氛围,能够缩短图纸与现实的距离,在专业人士和非专业人士的交流中必不可少。再次就是口头表达能力,这一点对建筑师也十分重要,在工作中常常需要与业主沟通,与团队成员沟通以及进行方案汇报讲解,这都需要建筑师具备良好的语言表达能力以便能更好地传达自己的设计意图和想法。

4.1.3 道德修养和自身职业发展的要求

建筑师要有高尚的道德修养与精神境界,要学会做人,始终把整个社会作为最高的业主,要本着以人为本,为国家、为社会负责的态度去进行建筑设计创作。没有社会与历史责任感,只将设计工作视为出图收费的纯赚钱行为,是创作不出好作品的。目前,我们国家正处在一个经济建设大发展的时期,对每一名建筑师和城乡规划师来说,这是一个设计建筑创作的黄金时代,我们应当十分珍惜这一来之不易的创作环境,博采众长,不断探索,努力工作,根据自身的经历和所处环境,寻找出适合自己从事建筑设计创作和发展的工作模式,只有这样,才能创作出更多更好的具有中国特色,彰显文化自信的建筑设计作品。

职业建筑师首先要提高社会责任意识。梁思成先生曾说过"建筑师应该具有深厚的人文修养",他主张建筑师应该深刻地了解人和人类社会。建筑学区别于其他艺术的重要属性是社会性,即社会意义。社会意义体现为建筑学与所处社会的政治、经济、文化及周边学科的广泛联系,以及对社会的责任。在中国社会高速发展变化的现阶段,明确建筑学的社会意义,对教育与实践都具有深远的指导作用。文艺复兴时期的建筑师阿尔伯蒂说过:"建筑师必须在财富和德行之间做出选择。"

大学的建筑教育不仅仅是专业技术能力或者"空间感"之类的教学,还应该很鲜明地提出建筑师的职业素养和人格教育。我们国家正处于大发展时期,在高速发展中不可避免地存在着大量的社会问题,而建筑学是一门根植于所在社会环境的学科,更应关注社会中的现实问题,并以恰当的设计方案加以改善或解决。作为建筑学的学生,我们首先应当去思考建筑师真正应服务于谁(是政府、地产商还是普通民众),并且从现在开始,提高自身的社会责任感意识,关注社会问题。

职业建筑师要重视"向生活学习"的体验教育。生活是最好的老师,这也是安藤忠雄没有经过科班训练而能成为世界级大师的重要原因之一。对青年建筑师来说,最缺乏的是对生活的体验,进而影响对建筑的理解,试想一个从未体验过农村生活的建筑师,如何做好农村住宅设计呢? 因此,我们需要通过感知体验并深化对建筑的全面理解,明确学习目的、目标及建筑环境的内涵和意义。感知和强调对建筑各构成要素的理解,包括行为模式、建筑形态、建筑材料、构造做法、建筑环境、生态与节能技术等方面。

职业建筑师还应树立绿色建筑理念。绿色建筑的出现正是国际建筑界对人类面临的生态危机作出的积极反应。绿色建筑设计原则的提出对我们的职业素质与执业能力提出了更高的要求。绿色建筑不仅要考虑现实状况下建筑体与自然环境发生的关系、能耗与污染等情况,而且还要考虑在建造过程中所消耗的能源资源和对环境的影响,考虑在建筑废弃后材料的回收、处理和再生。其次,绿色建筑注重节能的同时,强调可再生能源的利用。最后,它不再局限于技术问题范围内,而涉及了社会文化问题。它提倡使用适宜的技术而不一味追求高技术;它完善建筑空间的灵活性,增加建筑空间的使用频率,而不一味追求增加房间,扩大面积;它研究设计地段的独特文化脉络,表现对文化延续的关注,把文化也作为一种可持续发展的元素来考虑。绿色建筑对简约、朴素的生活方式的倡导,对社会文化可持续发展的关注是经历了盲目追求发展、物质丰富的现代社会之后的冷静分析和理性思考。绿色建筑的多学科性和综合性特征就要求我们必须注重合作。我们要通过参与设计并亲自建造的方式来获得对生态理念的最直观认知。

职业建筑师教育必须注重团队协作精神的培养。随着社会的发展,建筑设计项目内容日趋复杂,从生产方式上说,建筑设计是团队协作和集体劳动。这种协作既包括建筑师团队的内部分工,相关专业人员的合作,还包括与设计委托方及施工方之间的交流合作,所以必须要培养自己的团队协作沟通能力。

4.2 对我国职业建筑师现状的思考

4.2.1 建筑师的职业定位和职业精神

"通常是依照法律或习惯,专门给予一名职业上和学历上合格并在其从事建筑实践的辖区内取得了注册、执照、证书的人。在这个辖区内,该建筑师从事职业实践,采用空间形式及历史文脉的手段,负责任地提倡人居社会的公平和可持续发展,福利和文化表现。"由于建筑项目投资规模大、存在时间长、对国计民生的影响大,因此各国均立法强制要求所有非本人及本家庭使用的建筑物均必须有设计、审批、建造、验收、使用的法定程序,并必须由具有相应资质的个人或机构来完成。建筑师及设计机构具有编制施工文件的垄断性地位,并担负起保障建筑物适用、经济、美观的社会责任和义务。

从现代职业建筑师的产生历史来看,建筑师从历史变迁和现代职业确立之始就是以建造项目的管理服务为核心的,是以建造全过程中业主和公众利益的维护、建筑专业品质的达成、建筑市场的公正维护为目的的,而非以建筑产品样式为目的。因此,建筑设计服务涵盖了一个空间环境需求从设定到满足的全过程,作为职业建筑师的定位,应该是项目全过程的管理者和服务者。

作为建筑师的"职业精神原则",早在1999年的第20届国际建筑师协会代表大会上就已确立,即专业(Expertise,专业能力、专业性、科学性、专长)、独立(Autonomy,学术独立、独立性、自主)、承诺(Commitment,诚信承诺、公正性、奉献)、责任(Accountability,职业责任、服务责任、负责)这四项基本原则。建筑师应以最高的职业道德和规范来要求自己,赢得并保持公众对建筑师职业素养及能力的信任。

4.2.2　建筑师的职能体系

国际通行的职业建筑师职能体系与我国现行的职业建筑师体系仅限于服务阶段的不同,具有以下几个特性:

1)全面代理,全程服务

建筑师不仅是设计者,而且是作为代理业主的建造全过程的监控者。目前国际通行的认知是,建筑师需要负责项目的策划、设计、施工、交付的全过程质量、进度、成本控制和合同、文档管理,职业建筑师的职能就包含了设计和监理两部分内容。联合国的产品目录也将"建筑服务"定义为建筑设计和合同管理的综合服务。作为业主的代理人,建筑师对建造活动的全过程进行控制,以保证业主的利益和城市、建筑的公共利益。业主是投资者,负责整合土地、资金和需求,而对于建造过程则可以全权委托建筑师来执行,不需要另行筹建专业的管理团队。

2)产品导向、过程控制的设计服务过程

基于建造过程的项目特征,建筑生产过程是一个建筑产品制造和相应服务的提供过程,是一个从需求到产品的技术性翻译、客户价值创造、解决方案提供的过程。从项目管理系统的角度,可以将建筑生产归结成一个需求发现和满足的过程、一个问题发现和解决的过程。同时,建筑生产的全过程是一个空间环境的求解过程,是一个在建筑需求、业主目标、资源限制中需求平衡和共赢的过程。职业建筑师通过建筑实践提供建筑服务,不仅提供设计图纸等文件,还包括整个设计、建筑过程的管理,最终为业主提供一个完整的环境解决方案。

3)专业化的技术,职业化的精神,产业化的管理

从服务管理和营销的角度来看,建筑设计本身就是一个典型的服务产品,是单品生产、智力密集、技术适宜、过程管理、个性突出的工作,设计企业都是项目流程管理的企业和服务产

品的供应商。如同产品生产和服务提供的其他企业和产业一样,建筑设计服务需要科学组织和管理,而科学管理的核心是商业模式的标准化、程序化和可复制化,这是企业战略规划、组织架构、绩效考评、研发拓展的基石和抓手。设计服务是一个典型的客户价值创造的流程,是一个有明确的输入资源和输出成果的特定工作;而管理就是一个连续产生新的非标准化操作规范和新的非程序性决策,并不断地把它们转化为标准化操作和程序性决策的过程。设计企业的核心竞争力和最终创造的价值就是通过流程的优化和再造而得以实现的。

因此,建筑设计是面向客户的专业化技术、职业化精神、产业化管理、全程化过程的服务。设计是一个立足于现有资源条件下最适合、最优化的环境整体解决方案的推导、求解过程。

4.2.3　我国建筑师的职能体系特点

与国际通行的建筑师全程代理、全程服务有所不同,我国职业建筑师本应承担的建造活动的管理由建筑师、监理工程师、业主工程部来共同承担,建筑师的服务仅限于设计阶段的图纸交付,建筑师没有权利对材料、质量、进度、造价进行全过程的控制,自然也无法控制整体的建筑质量。但与此同时,作为社会责任监管的政府规划管理部门和质量检查部门只负责建筑的合规与否,即最低限度的合格质量;监理工程师缺乏对设计整体的了解和学术支撑,缺乏为业主利益和设计实现的解释、变更、监控的地位和能力,因此造成现场只能照图施工,制度性地造成了建筑师在建造现场的缺位。由此,建筑师往往将建筑设计称为"遗憾的艺术",建筑师的职业训练和设计观念也由此停留在图纸设计和表面的形式上,对建筑的技术、材料、施工、管理阶段管控等知识的缺乏成为中国建筑师的软肋,这也是中国建筑师和建筑设计在国际建筑师协会等国际组织中和国际竞争中缺乏话语权、缺乏竞争力、无法制定标准的一个重要原因。

在我国,因职业建筑师在整个建造过程中的缺位和服务的片段化,造成建设市场中价格成为主要甚至唯一的评价标准,严重阻碍了建筑施工、材料供应商、建筑设计行业对技术研发的关注和投入,造成整个行业的畸形运转和巨大浪费。对于服务标准,我国目前还只是从设计深度和设计收费的角度对服务流程提出了一些外在的检验指标,而且仅涉及建筑设计环节,前期策划和后期监督都未涉及,就更不用说从服务质量本身的过程控制与管理的标准制定了,也无法针对设计服务的产品的外形、个性、单品生产、技术适宜、过程管理等特点进行有效的监控,更无从提高设计品质和促进产品创新。

另外,我国规定从事建筑工程设计执业活动的建筑师是受聘并注册于国内的一个具有工程设计资质的单位,那么就形成了我国以设计院为基本单位来管理设计企业和建筑师,且由单位承担经济责任、个人承担技术责任的捆绑形态,形成了多重主体和职责不清的局面。职业建筑师的独立执业没有得到社会和政府的广泛承认,建筑师不是建筑设计服务市场的主体,不能承担建造过程中公平、公正的第三者裁判和社会监督的职能,也不利于发挥建筑师职业的自律性和自主性。

4.2.4　我国建筑师针对当下职能体系应采取的态度

我国职业建筑师在设计服务过程中的生存环境和创造环境都存在着一定的压力,社会以及相关行业对建筑师的整体认知水平程度也影响着建筑师的创作热情,使建筑师普遍存在着心态浮躁的毛病。面对激烈的竞争和境外事务所的大量涌入,一些建筑师的社会责任和服务意识明显缺乏,自身素质有待进一步提高。针对当前的设计服务现状,职业建筑师首先要勇于承担责任,其次要保持思考,最后重在坚持。

4.3　当代建筑师社会角色的变化与思维特征

4.3.1　建筑师的社会角色

1) 传统意义上的建筑师

自古以来,建筑师总是身兼数能,往往既是建筑师,又是发明家、雕塑家或人文学者、技术专家等,被人们当作通才和神奇人物来传颂。从古埃及的伊姆霍特普到古希腊的代达罗斯,再到古罗马的维特鲁威,无不如此。这一点在文艺复兴时期达到高潮,这时候出现了许多具有多种技艺的"全能"建筑师,如伯鲁乃列斯基、米开朗琪罗等。中国古代的鲁班、喻皓等人,也是作为多才多艺的"全能"建筑师而被记载。

文艺复兴时期理论家阿尔伯蒂对理想建筑师的总结集中表现了这种认识。他认为,一个好的建筑师应该是一位学富五车的学者,是社会精英人物的代表。"毫无疑问,建筑是一门十分高尚的科学,不是任何人都可以胜任的。一位建筑师应该是一位天赋极佳之人,是一位实践能力极强之人,是一位受过最好教育的人,是一位久经历练之人,尤其要有敏锐的直觉和明智的判断力,只有具备这些条件的人才有资格声称是一名建筑师。"

总结起来,传统意义上的建筑师可以归纳为以下几种类型:

①国家建筑师,为国家和特定的阶层服务,具有计划管理、设计监造等方面的能力,从事营建和相关行业的管理。

②自由建筑师,往往出身贵族世家,并不以建筑师为职业,只是热爱建筑,有良好的教育背景,从事设计监造、著书立说和与建筑有关的社会活动等。

③艺术建筑师,这类建筑师同时从事雕塑或绘画等艺术创作,有深厚的艺术创造力和多方面的艺术才能。

④工匠建筑师,以专门的技术专长参与建筑设计与建造,如从石匠、木匠等成长起来的建筑师。

另外,在人类的生活中存在大量没有建筑师参与的建筑,如村镇的民居聚落和乡土建筑。运用手工艺的地方建筑的营造者也可以认为是集"业主、用户和建筑师"于一身的"民间建筑师"。

2) 现代意义上的建筑师

欧洲文艺复兴后一直处于工业革命时期,这两百多年的时间是职业建筑师及其制度从出现到逐渐成形的时期。工业革命开始后,城市与建筑迅速发展,工业技术的发展和现代科学体系逐渐形成,改变了原来手工业时代的建造理念和传统方法,建筑设计开始向专业化和综合化的阶段发展。这时设计开始与施工相分离,建筑职业范围扩大,设计深度要求增加。建筑设计领域开始分工,建筑师与结构工程师、设备工程师、管理工程师相分离。同时,建筑师内部也开始出现分工,出现了城乡规划师、建筑师、景观建筑师、室内建筑师等不同设计层面上的划分。建筑师开始由一个传统意义上的"全能之人"转变为一个领域相对明确的专业设计师。但是,建筑设计的特性决定了建筑师仍然是该领域的综合协调者。

意大利的杰出建筑师奈尔维将建筑师形象地比喻为"交响乐队指挥",认为建筑师"为了能够进行这种高度创作性的活动,同时又能够在各专业人员的不同要求中间进行必要的调解,建筑师不必对一切细节都有专门知识,但他对建筑行业的每一部门都应该具有清晰的认知和理解,这正如一个优秀的交响乐队指挥一样,他必须懂得每一样乐器的可能性与局限性"。

18—19世纪,随着发达国家中建筑教育的发展以及建筑师协会的相继成立,标志着建筑师作为一种职业得到社会承认,建筑师职业制度逐渐开始形成。20世纪以来,世界建筑师职业制度开始正规化。自美国建立注册建筑师制度后,世界各国也都陆续实施了注册建筑师制度和相应的法规。

20世纪也是中国建筑师正式得到社会承认的时期。20世纪20年代前后赴欧洲、美国和日本学习建筑学的一些先驱者相继归来,在国内开始从事建筑设计实践,并开展建筑教育和学术研究,现代意义上的建筑师开始在中国出现。我国自1997年开始实施注册建筑师制度。

职业建筑师所从事的工作可以简单地概括为三个方面的内容:设计(方案构思)、施工文件编制(协调各专业设计)、合同管理(施工监督和技术、经济、艺术方面的指导)。随着社会的发展,工程项目日益复杂,建筑师的业务范围不断拓展,建筑实践的国际化特征也日益突出。世界贸易组织将建筑师的工作范围概括为:咨询和设计前期服务、建筑设计服务、项目合同管理服务、建设后期评价和修正工作以及其他建筑服务。由此可以看出,建筑师的工作范围涉及咨询、设计、管理和其他服务,是贯穿建设全过程的一种综合服务。从这个角度而言,建筑师逐渐成为面向市场的技术设计和管理相结合的智慧咨询服务人员。

国际建筑师协会将建筑师实践活动的范围明确为:规划、土地使用、城市设计、策划研究、建筑群和单栋建筑物设计、技术文件编制、专业协调、合同管理、施工指导和监督等方面(第二十一届 UIA 代表大会,德国柏林,2002年),并且指出其工作不仅包括新建项目的设计与建造方面,而且涵盖建筑的改扩建、保护和修复等。时代对于建筑师的工作范围和基本要求日益专业化、复杂化、深入化和具体化。

3) 建筑师社会角色的多样化

建筑的发展是人类社会发展的物质表现,是人们可以看得见的面貌。不同的社会,建筑师的社会地位和角色表现出很大的差异,但是无疑建筑师的社会职责对社会发展有着重要的影响。

虽然东西方在历史上共同创造出了伟大的建筑体系和优美壮丽的建筑物,留下了丰厚的建筑遗产,但是相对于西方建筑师的社会影响力和地位而言,中国建筑师的社会地位却没有得到应有的体现。其中既有历史遗留问题,也有体制的原因。20世纪90年代以来,中国建筑师的社会角色逐渐发生了一些变化,主要体现在3个方面:组织形式的多样化;建筑师个人作用的肯定和面向国际;建筑师的社会地位和影响力得到了一定程度的提升和肯定。

当代建筑师的社会角色日益多样化,具体而言,可以理解为以下几种类型:

①作为艺术家的建筑师。将建筑设计视为以视觉造型为主的艺术创作活动,或者是以艺术家的身份参与到建筑设计活动中。

②作为技术专家的建筑师。将建筑设计视为以工程技术为主的活动,以技术方面的专长

参与建筑设计活动。

③作为规划专家的建筑师。以城镇规划、土地利用、建筑群体组织、场地设计等方面的特长参与建筑设计活动。

④作为组织管理者的建筑师。善于进行专业协调和工程设计项目管理。

⑤作为商业经营者的建筑师。把从事建筑设计作为盈利的手段，以设计公司良好的运营作为工作的目标。

⑥作为历史建筑保护专家的建筑师。以在历史建筑遗产保护和建设修复方面的专长参与建筑设计活动。

⑦作为生态环保专家的建筑师。以环境保护为根本目标，以生态技术作为设计支撑，参与建筑设计活动。

⑧作为大学教师（建筑教育者）的建筑师。一方面作为建筑教师在大学建筑院系从事教学活动，另一方面又进行设计实践，这几乎已成为世界上著名建筑师和大学建筑系教授理想的追求模式。这种类型的建筑师对当代的中国有着特别的意义。一方面是大学教授利用其社会地位，可以在一定程度上打破社会对建筑师的偏见；另一方面是其可以不以设计盈利为目标，从而使设计心态与工作更加自由。

⑨作为思想者的建筑师。从人生哲学和价值体系上对建筑设计进行思考，对建筑文化有所贡献，从人文、历史、思想角度反映建筑设计本质，进行有社会批判意义的建筑创作。

⑩作为社会活动家的建筑师。将建筑视为社会政治、经济制度的表现，把建筑设计和社会政治、人类生活、社会发展结合起来，以此传达所追求的目标。

以上归纳的建筑师类型在标准上有所差别，其实这只是建筑师在设计实践中所表现出来的不同倾向，可以理解为是对建筑师多元化角色的性质描述。建筑师在社会实践中总是以某几种类型的综合形式出现，其社会角色的多元化不是单一的类型区别，而是展现一种更为丰富的形态。社会地位和角色不同，对其设计思维也会产生显著的影响。

4.3.2　当代建筑师的社会角色变化及思维特征

1）后工业时代建筑师社会角色的变化

在后工业化时代，设计被完全视为一种职业活动。社会分工的具体化使设计者、建造者、使用者相分离，而业主又从使用者中分离出来。这种为适应工业时代的发展而产生的社会分工，能否激发出更好的设计来适应人类的生活呢？这是一个复杂并值得深入思考的问题。

工业化时代的快速发展产生了许多社会问题，如能源危机、生态破坏、缺乏人文关怀。20世纪70年代以来，一般认为人类社会的发展开始进入一个以信息革命、生物革命和知识经济为特征的后工业时代。人们开始思考工业时代所出现的各种问题，并寻求解决办法。在建筑界，也开始针对机械时代的"现代主义"建筑的弊端进行反思和变革，建筑界出现多元化的思潮，建筑师的社会角色也随着信息时代的发展而产生变化。

然而从我们当前多维多元的状态中，要明确给出未来的建筑师的角色几乎是不可能的，甚至确定现在建筑师的社会角色也几乎不可能。对后工业时代建筑师社会角色的确定，需要与社会问题、与社会的发展方向密切联系。人们只能根据当代社会发展的基本特征指出一些潜在的趋势。马库斯则在1972年就曾概略指出今天的建筑师可能出现的三种社会角色。

第一种是坚持传统职业规划的建筑师。这种类型的建筑师坚持现代意义上的职业传统，只是接受委托，从事设计，与建筑活动中的其他参与者的联系并不紧密。这种角色类型的建筑师在当代社会中已经开始出现不少问题，并可能沦为政府和这种商业组织的雇佣者，难以找到建筑设计的真正方向。

第二种是激进的反传统类型的建筑师。这种类型的建筑师寻求一种不同社会结构的转变，甚至导致通常意义上的职业主义的结束。这种建筑师与用户群体紧密结合，他们不再把自己视为指挥者，而是作为社会活动者或者代言人意义上的设计者。然而受限于用户群体有限的社会资源，这种角色的重大困难使建筑师有可能失去控制力。

第三种是持有中立场的建筑师。这种类型的建筑师一方面坚持职业专家的身份，另一方面又在设计过程中与用户相联系。这种角色的建筑师虽然抛弃传统的建筑师是设计过程的主宰的观念，但仍相信建筑师具有提供设计决策技能的专长，并最终影响设计的形成。

后工业时代建筑师社会角色的变化将会改变现代意义上的职业传统，在明确限定的建筑师职业制度的边缘，将会出现相当规模的"混沌"地带，建筑师也会在变革的社会中寻找自身的定位，并以内在的职业精神与社会互动。

2）当代建筑师的设计思维倾向

（1）多媒体技术对建筑设计领域和建筑师设计思维的影响

计算机技术的广泛应用使设计思维研究与设计实践形成互动。一方面是通过计算机模拟人类的思维机制和模式，使计算机可以代替人脑完成部分工作；另一方面是将计算机作为一种信息媒介，与建筑师形成交互，拓宽了建筑师的设计空间，激发了建筑师的设计思维，形成了在设计过程中不能完全预见的创造性成果。

信息时代多媒体技术对人类生活产生的影响是全方位的，对建筑师设计思维的影响也是相当显著的。建筑师面对人们交往方式和传统空间的变化、物质空间与非物质空间的交融等，需要将这种变化纳入一个与建筑设计相关联的、由各种要素组成的整体中去思考，才能与之相适应。

（2）生态环境保护和可持续发展

20 世纪中后期，人们认识到资源消耗型经济所带来的环境问题的严重性，开始对环境的发展问题进行研究，逐步提出并明确了保护生态环境可持续发展的思想。

对建筑师来说，将生态学思想和可持续设计的观念运用到设计实践中，就是应充分利用自然中的可再生能源、节约材料和资源、保护自然环境、延续地区传统和人文环境、提高生活质量，使人工环境、自然环境和人文环境所构成的生态系统获得良好的平衡，在此基础上形成人、建筑和环境的协调共生。建筑师面临着艰巨的社会责任、环境责任和历史责任，必须在设计思维中建立生态可持续观念，构建环境共生性和资源循环型社会。

（3）全球化与地域化思想的对立调和

当建筑设计领域的地域化思想以对抗"全球化"的面貌出现时，地域主义一方面作为民族国家对文化失落的重新追求，带有政治和民族情感上的因素；另一方面是被作为探索场所精神和寻求建筑的意义而存在的。关于建筑地域性的探索是建筑师对建筑创作中"个性追求"的一种表现。

建筑师具有地域性，然而对这种"在地性"的解释与在设计中的不同运用，反映了建筑理论家和建筑师不同的生活哲学和设计理念。追求各种建筑文化的根源应在一条明确的主线周围,其实都离不开跨文化的交流。建筑文化的地域性与全球性的对立中有融合,这本身就是一种统一体。在地域性建筑理论的研究中所提及的实际理论基本上都是将建筑的现代性与地域性相统一,我们看到的或许是一个实物的两面,而这种结合才是建筑设计中应该着力表现的。

(4)建筑设计的复杂性思维

飞速发展的现代科学不断地揭示出原来被视为神秘的无法探究的领域,例如耗散结构理论、协同学、突变论、自组织理论、混沌学以及计算机科学都极大地拓宽了人类探求知识的视野。德国学者克劳斯·迈因策尔在其著作《复杂性中的思维:物质、精神和人类的复杂动力学》中认为,复杂性和非线性是物质、生命和人类进化的显著特征,并引入了关于跨学科复杂性思维的方法论。美国建筑评论家查尔斯·詹克斯在《跃迁的世界中的建筑》中则提出了复杂科学与建筑学之间的关联性,研究了在非线性、自组织性、不确定性的建筑设计观念下形成的复杂建筑形式。

建筑设计是一个复杂的系统,创造性地解决设计问题无疑也是复杂的,这要求建筑师应以变化的复杂思维来从事设计。

建筑设计的科学、艺术和社会特征决定了建筑设计思维是科学思维、艺术思维和社会思维的交织与合成。人类造物活动的历史,从根本上来说就是一部科学和艺术不断融合发展的设计史。然而设计思维又与纯粹的科学思维和艺术思维有所不同,它无法脱离具体的社会。设计具有社会属性,是受社会的政治经济制度、社会关系、历史传统、伦理道德、民族心理等因素制约的,因此建筑设计思维又表现为社会思维,是人类活动与社会现实的印证。

在设计过程中,科学思维、艺术思维需要经受社会思维的考验,它们交织在一起对设计过程产生作用,并决定着建筑设计的走向。

(5)协同设计与具体思维

建筑设计基本上是一种集体工作,需要在设计过程中进行群体的协作。建筑设计在很大程度上表现为具体思维,是一种合理形成的最终结果。尤其在建筑行业中,建筑师作为"自由职业者",工作有艺术性的一面,比较容易注重个人价值,而忽视团队精神。事实上,作为服务行业,建筑从设计到建造的复杂分工,使得严密的团队协作成为必需。大型事务所的常见架构是在公司内部分为不同的设计小组,例如以建筑类型不同而分为商业、住宅、学校、办公楼等小组。小组间的相互协调是顺利完成大项目的保证。小组一般由资深建筑师带领,如果一味追求个人表现而不讲团队精神,这样的设计师对小组的工作效率和工作结果都会造成一定影响。

另外,建筑设计行业不断进行的结构调整,必然要求企业间的合理协作,国家政策也在鼓励专业化趋势。目前国内的大型设计企业大多是综合性的,这使得众多企业在同一平台上进行不必要的竞争,也不利于专业水准的提高。在世界范围内,专业化创作已成为惯例。例如,安德鲁事务所的规模并不大,在国家大剧院中标后,立刻寻找最好的专业公司合作;北京五合也是如此,着重发展建筑设计一个工种,而在结构、水、暖、电等领域都根据项目需要寻找相应的能力优秀的公司进行合作。因此,为了提高竞争能力,随着设计企业的专业化,公司间协作是必然趋势。

在信息社会中,由于涉及更多方面各领域的知识与技术,建筑师已经无法像历史上的"文艺复兴的全能人"那样,由单一个体来承担设计工作,而是更多地作为作曲家或者指挥者,协调许多的参与者来完成设计任务。协作的实现必须通过有效的组织和充分的交流,在高度复杂化、信息化和多样化的世界,协同设计和集体思维已经成为建筑产生的基本途径。

(6)人类自身存在方式的本质思考

建筑的起源是作为人类遮风避雨和活动的容器,是人类为了更好地生存所营造的物质载体。这种载体从"原始棚屋"一步步发展到今天的现代建筑体系,每一时代的建筑体系无不折射出当时的社会状况,成为"社会制度的自传"。但从另外一个角度来看,人类营造了建筑后,建筑又反过来影响人类的存在方式。

作为建筑师,在每个历史时期都应根据他所处的时代思考人类自身的存在方式,并力求在设计中表达出来,创造出适宜人类生存并留存历史记忆和文化价值的物质形式,同时表达出人在发展过程中对美的追求,为人类精神找到寄托。

3)当代建筑师主观心态的认识

中国目前正处于大规模城市建设时期,随着建筑设计市场的逐步开放,在世界范围内产生了巨大吸引力,带来了无数的机遇,也带来了激烈的竞争。尽管有大部分建筑设计单位自我调整不断适应市场,但当前的建筑设计市场竞争仍然激烈,各设计单位设计能力良莠不齐,业务量有多有少,设计环境还有待优化。尽管有北京院和上海现代集团这样的建筑设计单位中的佼佼者,但竞争的激烈程度仍然在当前的建筑设计市场上表现出来,各大设计院的任务量常常只能满足设计能力的 50%~80%。

市场需要主观心态良好、专业水准优秀的建筑师,优秀的建筑师应该具备哪些方面的素质,这可能是一个见仁见智的问题。对长期在市场一线工作的建筑设计师和设计团队带头人来说,只有具备了良好的主观心态和优秀的专业水准,才能更好地服务于市场。所以,应正确认识建筑师的职业。

①建筑师不是艺术家。建筑师的首要职责是服务于社会,以自己的一专之长满足社会的需求,而不是仅仅追求个人价值的实现。画家的一幅作品标价百万,即便无人问津,尚可孤芳自赏。而建筑设计的目的是供人们使用,需要社会投入大量资金、人力并且占用土地和环境资源。

②建筑师不是理论家。对各种前卫建筑设计流派和时髦的主义与理论,建筑师可以了解,但不能将其视为工作核心,每必奉之。主义与理论研究属于建筑理论家、评论家、学术研究者、教育研究者的工作范畴,建筑师的首要职责不是夸夸其谈,而是脚踏实地地实现。就好比一个高水平的球员应该上球场证明自己,而不是整天谈论足球文化一样,建筑设计师应该通过身体力行的设计来解决社会与技术问题,而不是主义谈得不精,设计做得不良,偏废正务,不知所以。目前建筑界的从业者可分为三种:一类人是在第一线生产,直接做设计的建筑师;一类人是从事建筑学术研究和理论教育的工作者;还有一类是建筑评论家。

③建筑师也不是哲学家。确实,像路易斯·康这样伟大的建筑哲人,以其圣经式的建筑言论,影响和感召着一个时代的建筑师,但并不是大多数建筑师都能如此。建筑设计的最高境界是在建筑中植入哲学观、宗教观和世界观等思想,但究其根本建筑设计还是以解决实际问题为主要任务,服务于人。

④建筑师属于服务行业的一支,建筑作品最终要服务于社会中的广大用户。一个小区可能居住着上千户人家、数万人口,一套百余平方米的住房,对建筑师而言,或许只是复杂日常

工作中一带而过的细节,但对于众多月薪不过几千元的普通居住者,价值几十万元的住宅,往往是一生之中最大的投资,也是将在其中度过大多数时光的所在,想到这些,哪位建筑师还会敷衍了事呢?

⑤建筑师要对投资方负责。对于一个开发项目,开发商的投资动辄百万、千万,甚至几亿。受人之托,忠人之事,建筑师必须根据设计委托合同的要求,从建筑技术上提交一个解决方案。对于政府项目,资金来源于纳税人的税金,建筑师应对纳税人承担责任。建筑师在表现艺术性的同时,也必须满足出资方的要求,这反映了建筑师对投资方的出资,以及其所承担风险的负责与尊重。

建筑师对国家和社会也负有重要的责任。在有限的土地上,建筑物一经建造,通常要使用几十年甚至更长时间,建筑师的工作直接或间接地影响和改造着城市的空间环境和文化环境。每一个建筑师都希望自己的作品是城市的地标性建筑,当各具特色、缺乏主次的众多标志性建筑集中在一起的时候,建筑师又是否能站到更高的层面去考虑建筑,避免因此而带来混乱的城市面貌呢?

⑥建筑不是空中楼阁,而是盖在土地上的,建筑师没有资格牺牲国家不可再生的土地资源来满足个人的创作欲望。建筑师不仅要服务于投资建设方,更要服务于社会大众,这是建筑师的天职。

4.4 建筑师的职业规划

建筑师是少数可以工作一生的职业,也是少数"越老越吃香"的职业。但现在的情况是,年轻建筑师很容易陷入职业枯竭感,往往等不到自己"风光"的那一天就已经转行了。主要是缺乏专业原动力和职业认同感,找不到自己的"位置",不会对自己的职业进行规划。所以在大环境不能改变的情况下,改变专业态度,做好规划就显得特别重要。那么,建筑师要如何进行职业规划呢?

要克服职业枯竭感,关键在于在职业生涯的不同阶段分清主次,在适当的时机着重发展最"有用"的能力。

1)学习阶段:主要发展宏观控制能力

进入行业内的前3~5年都可以算是学习阶段。很多人在这一阶段急于学习新的课程,并努力考取各项证书,这些工作当然应该做,尤其是考取证书,但不应是努力的主要方向。建筑设计是一个分工协作的复杂过程,建筑师一方面要负责设计工作,另一方面要对很多不可预见的矛盾和变故及时进行协调解决。对新来者来说,画图或许并不难,难的在于画图之外的工作:权衡业主的要求和自己的想法;与结构、暖通等诸多工程师不断协调……总的来说,从策划设计到施工、验收使用的漫长过程中,建筑师对外联系使用者和建造者,对内协调结构、水、暖、电各工种,众多具体问题需要判断取舍,如何将宏观决策转化为微观的解决方案,这完全取决于建筑师的协调和宏观控制能力。因此,在实际工程中切实发展自己的宏观控制能力应该是新人职业发展的关键。

真正的建筑师是在实践中成长起来的,建筑系的学生大二以后就应该去事务所实习,了解实际工程是怎么回事、事务所是怎么运作的。到了实际工作的时候,应该多与不同部门的人沟通,努力解决自己负责的问题,接受行业现实,而不是出于某些原因而回避。例如,你知道这个客户很抠门,就按照他期望的那样去设计,可这个设计并不是你想要的,做起来很没意思,对方也并不一定满意。更好的方法是设计你认为最满意的作品,在考虑客户要求的前提下去说服客户。而且,现有的注册制度也要求青年建筑师除了具有基本功外,还应在建筑设计中加强工程实践锻炼,提高工程能力,增强处理现实工程中的具体问题、充分满足建筑的技术和经济要求、综合解决不同矛盾等方面的能力。

2)攀升阶段:培养持续学习的习惯

进入行业后 4~10 年都可以算是攀升阶段。在此阶段,建筑师大多开始频繁地实施(主持)各个项目,工作越来越忙,往往有一种被掏空的感觉。在这个阶段,培养一种持续学习的习惯,持续有效地吸收和学习有用的市场信息对建筑师的发展非常重要。

建筑师的学习方式有很多,可以在不同时期加以选择:

①短期进修,补充新鲜理念。尽量做到每过一段时间就到大学或国外短期进修和学习,吸收新鲜设计技术和经验。

②参加行业会议或职业群体聚会。这些聚会都是信息、知识、经验、从业感受等的大交集,不但可以开阔眼界,更可以得到同行的支持和收获友谊。

③换个角色参与工程。有些建筑师有机会以委托方、监理方的角色出现,没有此机会的建筑师也应主动积极地与委托方交流沟通,从而了解不同的委托方对于建筑设计的思考和需求。

④重视行业新技术和理论知识的学习,丰富自己的知识结构。方案不是建筑设计的全部,诸如对新兴建筑技术和材料知识、建筑法规、国内外建筑作品的了解与新设计手段的学习积累,都是建筑师应该在不同阶段学习的内容。

3)继续攀升阶段:关键在于选择方向

对建筑师来说,入行 10 年以后应该考虑的问题就是自己的发展方向了。建筑师应该根据自己的工作内容与知识结构决定自己的方向,在实际工作中走专业化的道路。目前来看,在实际工作中,建筑师工作的范畴已经分化为建筑策划(概念)、建筑设计(方案设计)和建筑实施(施工图及服务)三个方向:建筑策划主要是提出设计理念,提出项目构想;建筑方案设计就是把上述理念和构想进一步规范化、工程化、技术化,使之成为可以通过审批的方案文本;建筑实施包括施工图设计和施工配合。

从建筑师关注的方向来划分,还可以分为管理型建筑师与技术型建筑师:管理型建筑师善于掌握建筑项目的整体运作,从项目的洽谈、业主沟通,到设计班子人员组成、设计计划和配合施工等;技术型建筑师擅长建筑的技术环节,从建筑的设计构想到与各专业的技术衔接等均能做到井井有条。

4.5 城乡规划师

4.5.1 城乡规划师概念的界定

城乡规划是一项公共政策,作为城乡规划师,实质上应该是公共利益的代言人。1999 年,国家开始实施城乡规划师执业资格制度,经全国统一考试合格、取得《城乡规划师执业资格证书》并经注册登记后,才能成为城乡规划业务工作的专业技术人员。

在我国经济体制由计划经济向市场经济转化过程中,为解决城市发展和城市建设中出现的一系列问题,城乡规划理论工作者将较多的精力集中于城乡规划行为及其过程的研究,而对于城乡规划的行为主体——城乡规划从业者(甚至包括理论研究者自身)的特征及行为的研究较少。在经济全球化的今天,分析和探讨市场经济条件下作为城乡规划行为的主体——城乡规划从业人员的职业特征及职业行为的内在机制,是进一步研究从而掌握城乡规划行为及其过程的重要前提。

城乡规划体系是城乡规划行为的载体,而城乡规划师又是城乡规划行为的主体。对于城乡规划师概念的界定是城乡规划从业者不可回避的问题,它既是城乡规划理论体系中关于城乡规划行为研究的重要组成部分,又是探索城乡规划师职业特性和职业行为的前提。

1) 狭义的城乡规划师

狭义城乡规划师的概念可以从过去已经历的城乡规划发展历程和当今衡量专业技术职务的职称中加以界定。

从 19 世纪后半叶开始,随着工业化和城市化进程加剧,欧美主要资本主义国家相继出现了一些由于城市基础设施不完善以及无限制地扩大城市市区范围而产生的城市问题,包括空气污染、环境质量衰退、住宅过密、工业布局不当等。在这一历史背景下,城乡规划理所当然地运用物质规划手段来解决这些城市问题。这一时期的城乡规划师都受过建筑学的训练,建筑空间设计是他们最重要的任务。这些城乡规划师的背景、知识结构和能力决定了他们对物质空间的热衷,也只有物质空间的规划才是他们力所能及的。在城乡规划历史发展中,我们可以认为这一时期传统物质性城乡规划的从业者即为狭义的城乡规划师。反映这一时代特征的城乡规划师以其专业知识结构和思想理论体系对我国近代乃至现在城乡规划的形成及城乡规划工作者的产生造成了极大的影响。

从专业技术职称角度来界定,城乡规划师是指经过城乡规划以及相关专业的培养,具有大专或本科以上学历,并连续在城乡规划学术及设计单位服务达到规定年限,职称达中级职称任职资格的城乡规划工作者。取得这类任职资格并从事城乡规划工作的工作者,可以被认定为城乡规划师。这类城乡规划师被编入规划设计单位,以勘察设计单位的设计资质承揽设计规划任务或城乡规划研究课题。除中级职称的城乡规划师外,当然也应包括具有高级职称的城乡规划师。

根据职称界定的城乡规划师具有较为系统的建筑学知识和技能,完全可以从事物质性规划工作,尤其擅长城乡规划的编制工作,有的也可以从事城乡规划研究和管理工作。

2) 广义的城乡规划师

广义的城乡规划师的概念仍然可从 20 世纪初以来城乡规划的发展历程以及当代城乡规划从业者的角度加以界定。

20 世纪初,西方工业化国家在经历了"物质性"城市问题后,逐步意识到用物质手段来解决物质问题具有很大的局限性。为了应对市场失效对城市发展和城市建设造成的混乱,在德国、美国、英国等先进工业国家里突然出现了形式上与以往不同的城乡规划,这种规划通过公共手段介入城市建设从而控制城市的物质结构和物质环境,并宏观控制城市的发展,这就是欧美现代城乡规划。现代城乡规划的形成迫使城市工作者从技术专家的小圈子中走向了复杂的城市社会,城乡规划与城市建设实践活动的结合更为密切。在这样的背景下,城乡规划作为国家政策的一部分,干预了城市生活。国家的权力在得到技术支撑的条件下获得了扩张,政治地位得到了巩固,城乡规划由于成为政府行为而能够得到比较完整的贯彻和实施。也就是说,现在城乡规划的发展将城乡规划工作者从技术专家扩展到了行政专家,从理论家扩展到了实践家,从绘图能手扩展到了社会活动家。现代城乡规划大大拓展了城乡规划工作者的生存空间,从而大大扩大了城乡规划师的职业范畴。现代城乡规划实际上已经成为在特定政治和经济体制控制和影响下而形成的由城乡规划理论、城乡规划技术、城乡规划实践三大部分组成,以城市发展和城市建设客观需要为前提,具有明确的规划目标和特定内部结构及外部功能,与自然经济技术系统这一外部环境互相作用的一个开放、动态的复杂综合系统。

我们通常认为城乡规划师是指在城市社会中曾受过城乡规划及其相关专业的专门训练,就职于各种特定的城市利益群体,有某种特定的技术或行政职位,从事城乡规划理论研究、专业教育、规划编制、规划管理等工作的城乡规划从业者。

现代(广义)城乡规划师具有广泛的社会需求和深厚的职业基础,掌握多学科的专业知识和技能,对现代城市的发展和建设发挥着研究、教育、技术和行政等社会功能。城乡规划师的职业特性主要研究的是广义的城乡规划。2020 年爆发的全球流行大疫情让城乡规划师对自己的工作有了一个更新、更深入的认识。传统的概念里,都是认为城乡规划师只是负责城市里面各种设施的规划、建设的工程师,但随着社会情况的变化,城乡规划师已经逐渐从工程师的角色转变为公共政策制定的参与者。这种变化就要求城乡规划师所涉足的专业领域更加宽泛,要求城乡规划师具有更独立的认知能力和思考精神,要求城乡规划师能够随着社会的发展及时迭代自己的知识结构。

4.5.2　城乡规划师的职业特性

1)学科构成的多样性

(1)现代城乡规划促进了城乡规划学科构成的多样化

从传统城乡规划向现代城乡规划发展的历程中,城乡规划从以工程技术手段解决城市物质性问题的蓝图型特质性规划转向具有政府宏观调控和行政干预职能的社会实践型社会经济综合性规划。相应地,现代城乡规划体系的形成对城乡规划师产生了两大影响。其一,城乡规划机构所需规划从业人员专业趋向多元化,可以容纳城乡规划及其相关专业。其二,城乡规划师的知识结构由单一型的工程技术人才向掌握社会经济知识和技能的通用型人才转换。

(2)国内外城乡规划学科构成多样化的例证

德国、美国以及中国香港地区的城乡规划师的专业结构及学科构成趋向多元化。在我国香港,地理、建筑、工程、电脑、统计、社会、法律、市政、经济学等专业的人均可以申请城乡规划师职位。过去申请这一职位以建筑和工程类专业人员居多,但目前申请最多的却是地理学、社会学和经济学专业人员。

德国对城乡规划工作人员一般要求有大学学历,其专业结构除城乡规划和建筑学专业外,还有区域规划、交通工程、环境保护、地理地质、勘察测绘等专业人才;大城市的规划还要有教育、数理、统计、经济、法律、人口、社会学等方面的专家参加。

美国的大学本科不设城乡规划专业,而是从多种专业招收学员来培养城乡规划研究生。招收的研究生来自各种专业,有与城乡规划关系密切的建筑学及工程专业,也有诸如医学、法律、化学等专业。多样化的专业来源使得毕业研究生具有多样化的职业选择,同时也大大增加了毕业生对现代城乡规划专业工作的适应能力。

(3)城乡规划的多学科参与是现代城乡规划发展的客观需要

城乡规划的多学科参与既是现代城乡规划发展的客观需要,也是相关学科参与城乡社会实践的有利契机。正如吴良镛先生指出的那样"有关的城乡学科群的研究成果,如能更好地落实在城乡规划上,就更具有可操作性,城乡规划学科应该较为自觉地吸取城乡学科群的研究成果,无论在理论上还是方法上,从而丰富发展城乡规划学"。

2)角色的复杂性

(1)利益主体决定社会角色

城乡规划师职业主要是一种专业技术型的社会分工,其职业化有两大特征:一是专业技术职能的专业化;二是该职业作为城乡规划师个人生活的正式来源。因此,城乡规划师作为一种职业就职于城市社会中特定的利益主体。这些利益主体包括城乡规划行政主管部门、城乡规划设计单位、从事城乡规划研究与教学的高等院校、科研机构以及城市建设的投入者与参与者——企业。这些利益主体供养了城乡规划师,是城乡规划师的载体。因此,城乡规划师的角色并不取决于城乡规划师本身,而是取决于其载体,即城乡规划师所服务的部门。载体决定角色,角色决定利益,利益决定目标。服务部门(即利益主体)作为城乡规划师的载体,是城乡规划师存在的社会基础,同时也决定了城乡规划师的社会角色。由于复杂的多样化社会需求,服务于不同部门的城乡规划师承担着不相同的角色。城乡规划师的每一种载体都代表着一种(或者一个)社会利益集团,多层次、多样化的社会利益集团要求城乡规划师在其中为特定的利益而工作。

(2)多元化的利益主体决定了社会角色的复杂性

现代广义的城乡规划师就职于城乡规划体系中的理论、技术和实践三大组成部分所对应的利益主体,即作为城乡规划理论工作者的高等院校、科研机构,作为城乡规划技术工作者的城乡规划设计研究院(各级各类勘察设计单位),作为城乡规划实践工作者的城乡规划立法机构以及政府职能及政治作用的城乡规划主管部门。除此之外,还包括作为推动城市发展、促进城市建设并对城乡规划主管部门产生政治影响力的投资者(包括从事城市建设活动的一切单位和个人)等。城乡规划师在研究机构、高等院校、设计单位、建设单位等不同载体中,作为载体利益的维护人和代言人,充当着复杂的社会角色。

3)利益的微妙性

在市场经济体制下,城市社会是由各种不同利益主体组合而成的综合体。每个利益主体是构成复杂而庞大城市建设市场秩序的微观基础,他们的行为动力和行为方式直接决定着城市发展的速度和城市建设的质量。

城乡规划师作为现代城市社会中对城市发展和城市建设活动发挥控制、引导和服务职能的一种职业,就职于城市社会中的各种不同利益主体。这些利益主体充当不同的社会角色,追求不同的利益。这些利益主体包括致力于维护和追求公正及公共整体利益的城乡规划行政主管部门,致力于追求技术和经济利益的城乡规划设计单位,致力于追求学术地位的高等院校和研究机构,致力于追求经济利益的企业集团。

我们应当认识到,在市场经济条件下,城乡规划师及其载体——不同的利益主体都具有显著的自利性。从积极意义上来说,自利是城市建设行为主体的基本动力机制,它引导着城市建设行为的方向与途径,也同时以利益划分了利益主体在城市发展和城市建设活动中的不同角色。为了便于认识城乡规划中的私利行为,我们可以分别从利益主体及其承载的城乡规划师这两大方面来加以分析。

(1)利益主体的自利性

城乡规划师供职的利益主体的自利行为既包括了对以经济利益为标志的物质利益的追求,也包括了对学术地位和社会声誉、政治权利为标志的精神利益的追求。前者典型地表现为从事投资开发建设的企业在市场经济条件下受"无形的手"的支配,为追求高额利益而产生的经济行为;后者典型地表现为规划行政职能部门在市场失灵的情况下,发挥政府职能,对城市发展和城市建设活动所采取的控制行为,以及高等院校和科研机构为了提高其学术地位和社会声誉而开展的竞争性学术研究和教学活动。介于追求社会公共利益和企业经济利益之间的是城乡规划设计单位,它既追求学术地位和社会声誉,又追求经济利益,既要遵守设计规范以维护公共利益,又要迎合委托方(无论是政府还是企业)的意愿,其自利行为相对于城市社会而言,具有公益和私利双重特性。

(2)城乡规划师的公益性和私利性

为利益主体所承载的城乡规划师的公益性与私利性,具有与其服务的利益主体相对的表现形式。城乡规划师的公益性在于受其载体制约,依附于其就职的利益主体,因此,城乡规划师的公益性从本质上讲不一定能对城市社会产生公益行为。城乡规划师作为就职于相应利益主体的谋生者,公益性促使其为利益主体的目标(包括经济、学术、行政、名誉等)忠诚奉献。对不同的载体来说,城乡规划师具有完全不同的公益行为。从这一意义上来说,载体代表了不同社会阶层和社会功能,它决定了其自身的社会角色,也决定了城乡规划师公益性的实质内容,还决定了利益主体及其承载体——城乡规划师所追求的目标,从而影响城乡规划师作为利益主体谋生者的行为准则。城乡规划师的公益性是其被城市社会的某一特定利益主体所接受并成为这项从事专门技术和社会实践活动的职业道德和经济基础。

城乡规划师的私利性是指城乡规划从业者除了为其供职的利益主体谋取部分利益外,还有为其自身追求经济利益、社会声誉和社会地位的愿望与行动。每当关系到城乡规划师个人时,私利性概念就具有非常广的意义。它包括为了树立自身职业形象、职业地位、职业影响而付出的努力,也包括在另外一些情况下为了经济上的好处而进行的竞争。

为了讨论城乡规划师的私利性,我们不妨根据规划从业者的不同载体,将城乡规划师分为政府型城乡规划师、企业型城乡规划师、技术型城乡规划师和蓝图型城乡规划师。

①政府型城乡规划师供职于政府城乡规划行政主管部门。由于身居城乡规划管理的岗位,其自身的公益性与利益主体(城乡规划主管部门)的私利性基本吻合,表现为依据政府赋予的职能从事对建设单位和个人投资于城市建设活动的过程实施控制和引导,城乡规划师的公益性和城乡规划主管部门的私利性在维护政府和公众利益行为中得到了很好的统一。但在规划管理者与开发建设者(被管理者)之间,当城乡规划信息不对称时,又可能会为城乡规划师私利性的滋生提供某种适宜的土壤,从而导致市场失灵。

②企业型城乡规划师供职于从事城市建设和房地产开发的企业,其公益性体现在为企业

从事房地产项目开发提供规划决策依据,从事辅助性方案设计和规划设计方案的初步审查工作,或为企业建设工程而从事城乡规划管理的申报工作,其工作业绩完全由企业主评估。企业型城乡规划师的私利性表现为力争取得企业主的信任,使其能在项目开发经济管理中谋求更好的职位,进而获取更优惠的工作条件和物质待遇。企业型城乡规划师虽然通晓城乡规划业务及城市社会的公共利益,但在其实践中却往往表现为以企业利益和个人私利为导向,甚至会为企业主争取提高项目的规划设计控制指标而不懈努力。

③技术型城乡规划师供职于设置城乡规划或相关专业的高等院校和城乡规划学术研究院,从事教学工作,其私利性表现为争取自身的学术地位和职业地位,扩大社会声誉。技术型城乡规划师虽然较少直接地参与城乡规划实践,但在其生存的物质条件得到合理满足之后,为城乡规划事业的无私奉献会成为其行为的主要目标。这类城乡规划师的个人品质及职业特征比较接近于被马斯洛称为"自我实现"的那一小部分人。他们"只能出现在年龄大一些的人身上……他们观察事物较少用感情,而是采取一种客观的态度……总是更有决心,更有一个清醒的是非观……总是毫不动摇地致力于他们认为的重要的工作、任务、职业责任感"。因此,学术型城乡规划师的公益性和私利性在城乡规划的体系中是相容的,动机和过程虽然有所不同,但其目标可以或可能是一致的。

④蓝图型城乡规划师就职于城乡规划设计单位。蓝图型城乡规划师的公益性表现在为其载体承揽并完成规划设计任务,以技术规范、规划文本描述来表达对城市发展与城市建设活动的理想。在我国,城乡规划设计单位正由经费包干的事业型单位向完全自负盈亏的企业型单位转换。城乡规划师的私利性表现在除了有能力完成设计任务外,还要能够承揽设计任务,与委托单位在设计收费范围内尽力达成较高的收费标准,并尽力促成设计方案通过分别由企业主和城乡规划主管部门组织的验收和评审。蓝图型城乡规划师的私利性的极端表现是为承揽设计任务可能不择手段,包括自行组织地下设计,无节制地满足开发商对设计方案的修理要求,也可能不遗余力地为自己完成的方案通过企业验收和规划主管部门的评审而奔波。在规划设计任务总量远远低于设计能力的情况下,城乡规划师自身的谋生受到威胁,设计任务的承揽成为城乡规划师及其利益主体共同追求的目标。在设计市场出现委托方占据主导地位时,蓝图型设计师的规划思想既要受制于行政主管部门,又要受制于业主。而政府和企业主除市场有效的情况外,两者的规划目标并无天然的趋同性。蓝图型城乡规划师在政府和企业利益的冲突之间往往处于进退两难的境地。

城市社会利益主体的私利性,在市场有效的条件下,促进了城市的有序发展,并为城市建设提供了动力来源;在市场无效的条件下,又导致城市的无序发展,使城市建设活动陷入混乱。城乡规划师行为的私利性,维持了城乡规划师自身的职业生存,并为其自身业务发展提供了动力,但同时又可能使城乡规划师行为偏离社会公共利益。城乡规划师角色的复杂性和利益的微妙性使城乡规划师在城乡规划实践中难以遵循统一的职业道德。

4.5.3 城乡规划师职业行为的调控

由于城市社会利益主体及其承载体均具有合乎情理的私利性,城乡规划师不可能自觉或自发地为城乡规划的共同目标而工作。因此,对城乡规划师职业行为的控制与协调则成为城乡规划实践中宏观存在但又不易察觉的重要内容。

对城乡规划师职业行为的控制和引导的力量来自理性和自律。利益的差异化与行为的多样化是自利、理性与自律三大要素在城乡规划师身上呈不同比例组合与变异的结果。

1）职业行为的理性控制

城乡规划师职业行为的理性控制是指城乡规划师除了具有作为自然人的自利性外，还应具有作为社会人所特有的理性。如果规划自利性的特性并没有超越人的生物本能与自然法则，则必然要有理性的属性与之对应，并控制其自利性的滋长，使城乡规划师具有社会人的属性。城乡规划师的理性是其作为市场经济参与者的一种社会化的文化属性，而且也是一种能力，即依据自我利益的目标和偏好，合理地把握城市发展和城市建设方式和内容的能力。假如一个理性的城乡规划师再具有充分的计算能力，能掌握城乡规划的完全信息并依此产生行为，那他可能就是一个假想中的全能城乡规划师（或称绝对专家），他具有城乡规划师的最高理性。而与之相反的则可能是一个毫无理性地从事城乡规划工作的门外汉。事实上，在绝对专家与门外汉之间存在着绝大多数的现实的城乡规划师——他们掌握一定数量的信息，并依据自己的经验从事日常性工作，在实际工作中表现出有限性的特征。

2）职业行为的自律控制

城乡规划师职业行为的自律控制是指城乡规划师在城市工作中理性地追求自我利益的行为。它可被理解为限定在职业道德范围内的一种制约力，即至少使理性的谋利行为建立在不损害他人或少损他人利益的基础上。如果说理性可以使城乡规划师谋求生存与发展的活动变得宽厚与文明，那么自律则使城乡规划师会节制损人利己的"道德风险"，以及减少在信息不对称的条件下规划组织具有非市场失灵特征的内部性导致的"寻租"的欲望和冲动。

3）职业行为的控制和引导

可以说在很大程度上，自利、理性与自律是描述市场经济条件下作为城市社会各类利益主体承载体的城乡规划师行为方式的最关键要素。如果让城乡规划师拥有完全的自利而不加以约束，则市场有效创造的有序恰恰会被市场无效导致的混乱破坏，从而使城市发展和建设活动处于无序状态。而如果给城乡规划师以完全的自律而缺少必要的理性和适度的自利时，城市建设活动和城乡规划工作又会进入一个缺乏效率和创新的状态。如果给城乡规划师以完全的自律和完全的自利，城乡规划师会成为一个墨守成规、毫无生气、安分守己、丧失社会需求的无用职业，城市也将因此失去发展的机会与创新的能力。

因此，在经济全球化的今天，建立城乡规划师职业行为的内在机制的分析方法显得尤为迫切和需要。长期以来，城乡规划的实施侧重于对城市建设行为的控制，而对城乡规划行为的主体，以及就职于利益主体并对城市建设行为产生影响的城乡规划师的自身职业特性及职业行为研究得不够，对城乡规划师职业特征的认识及职业行为的调控研究将是我国市场经济体制下城乡规划体系建设的一个新课题。

城乡规划师的职业特性取决于城乡规划师自身所具有的公益性和自利性，那种将城乡规划师作为城市社会的公益人并大力推行职业道德规范的做法只能对城乡规划师构成软约束。

由于城乡规划师职业具有学科构成的多样性、从业范围的广泛性、角色的复杂性以及利益的微妙性等特征，城乡规划师很难形成一致的职业目标。城乡规划师职业目标的分散性，客观上要求通过城乡规划师职业行为的内在机制，运用调控手段来整合其职业奋斗目标。

由于城乡规划师就职于具有特定社会功能的利益主体，不同类型的利益主体决定了城乡规划师所扮演的不同的社会角色。不同的社会角色决定了城乡规划师有各自不同的利益，而不同的利益决定了城乡规划师有各自不同的职业奋斗目标。

在市场经济条件下,城乡规划师的自利性的存在具有相对的合理性,它是区别于计划经济体制下城乡规划师作为社会公益人的重要特性。对城乡规划师的职业行为主要应以增加理性和增强自律的方式来实行有效的调控。

4.5.4　城乡规划师面临的挑战

2018 年,在全国人大会议在北京人民大会堂举行的第四次全体会议中,国务院宣布进行部门调整,组建中华人民共和国自然资源部。自然资源部整合了国土资源部的职责,国家发展和改革委员会的组织编制主体功能区规划职责,住房和城乡建设部的城乡规划管理职责,水利部的水资源调查和确权登记管理职责,农业部的草原资源调查和确权登记管理职责,国家林业局的森林、湿地等资源调查和确权登记管理职责,国家海洋局的职责,国家测绘地理信息局的职责。也就是说,组建自然资源部,就整合了原国土资源部等 8 个部、委、局的规划编制和资源管理职能。而将几个部委的规划职能整合到一起,就能对各类规划进行统筹,能真正实现"多规合一",实现"一张蓝图干到底"。

伴随着新机构的成立以及一系列新政策的出台,城市规划体系也发生了翻天覆地的变化。新政策的出台,意味着规划体系的进一步规范以及完善,传统的城乡规划已不再是当下的主题,国土空间规划将是全面包含和管理的新的规划内涵;同时也代表着新形势新政策下我们将面临更多的机遇以及挑战。

课后思考题

1.建筑师职业的要求有哪些?
2.我国建筑师职业的职能体系特点有哪些?
3.简述建筑师及规划师职业规划的重要性。

5

基本建设程序

基本建设程序是对基本建设项目从酝酿、规划到建成投产所经历的整个过程中的各项工作开展先后顺序的规定,各项工作必须遵循的先后次序和相互关系,也就是工程建设各个环节实际操作的基本流程。它反映了工程建设各个阶段之间的内在联系,是从事建设工作的各有关部门和人员都必须遵守的原则。目前,我国基本建设程序的主要阶段有项目决策阶段、工程设计阶段、工程实施阶段和项目运行阶段。

5.1 基本建设

5.1.1 基本建设的含义

基本建设是指国民经济各部门为发展生产而进行的固定资产的扩大再生产,即国民经济各部门为增加固定资产而进行的建筑、购置和安装工作的总称,如公路、铁路、桥梁和各类工业及民用建筑等工程的新建、改建、扩建、恢复工程,以及机器设备、车辆船舶的购置安装及与之有关的工作,都可称为基本建设。例如,工厂、矿山、铁路、公路、桥梁、港口、机场、农田、水利、商店、住宅、办公用房、学校、医院、市政基础设施、园林绿化、通信等建设性工程。

基本建设活动是社会化生产,它具有产品体积庞大、建造场所固定、建设周期长、占用资源多、牵涉面广、内外协作关系复杂的特点,且存在着活动空间有限和后续工作无法提前进行的矛盾。这就要求工程建设必须分阶段、按步骤地进行。这种规律是不可违反的,否则将会造成严重的资源浪费和经济损失。

5.1.2　基本建设程序

建设程序是"基本建设工作程序"的简称。建设程序是对基本建设项目从酝酿、规划到建成投产所经历的整个过程中的各项工作开展先后顺序的规定。它反映了工程建设各个阶段之间的内在联系,各项工作必须遵循的先后次序的法则。这个法则是人们在认识客观规律的基础上制定出来的,是建设项目科学决策和顺利进行的重要保证。它反映了基本建设工作的内在联系,是从事基本建设工作的部门和人员必须遵守的行动准则。世界各国对这一规律都十分重视,都对之进行了认真探索研究,很多国家还将研究成果以法律的形式固定下来,强迫人们在从事工程建设活动时必须遵守。我国也制定颁布了有关工程建设程序的法规。

我国最初的基本建设程序是 1951 年由原政务院财政经济委员会颁布的《基本建设工作程序暂行办法》。随着各项建设事业的发展,基本建设程序也在不断变化,逐步完善。目前我国工程建设程序方面的法规还多是部门规章和规范性文件,主要有:原国家计划委员会、原国家建设委员会、财政部联合颁布的《关于基本建设程序的若干规定》(1978 年)、《关于简化基本建设项目审批手续的通知》(1982 年)、《关于颁发建设项目进行可行性研究的试行管理办法的通知》(1983 年)、《关于编制建设前期工程计划的通知》(1984 年)、《关于建设项目经济评价工作的暂行规定》(1987 年)、《关于大型和限额以上固定资产投资项目建议书审批问题的通知》(1988 年)、《工程建设项目实施阶段程序管理暂行规定》(1994 年)、《工程建设项目报建管理办法》(1994 年)、《工程建设项目审批管理系统管理暂行办法》(2020)等规范性文件。此外,在《中华人民共和国土地法》《中华人民共和国城乡规划法》《中华人民共和国建筑法》等法律中,也有关于工程建设程序的一些规定。

按照建设项目发展的内在联系和发展过程,建设程序是工程建设过程客观规律的反映,是对建设项目进行科学决策和使其顺利进行的重要保证,这些程序都有严格的先后次序,不能任意颠倒或违反它的发展规律。目前,我国的基本建设程序主要有以下 4 个阶段:

1)建设项目决策阶段

建设项目前期也称为决策分析阶段,它主要包括项目建议书、可行性研究、项目评估决策、设计任务书、项目招投标等环节。

①编制和报批项目建议书:大中型新建项目和限额以上的大型扩建项目,在上报项目建议书时必须附上初步可行性研究报告,项目建议书获得批准后即可立项。

②编制和报批可行性研究报告是项目立项后即可由建设单位委托原编报项目建议书的设计院或咨询公司进行的可行性研究,根据批准的项目建议书,在详细可行性研究的基础上,编制可行性研究报告,为项目投资决策提供科学依据。

③评估决策则是由项目审批部门组织专家对项目可行性进行论证,再根据评估报告做出最终决策。

④设计任务书又称为设计计划任务书,建设项目在进行可行性研究后,还需要编制设计任务书,对可行性研究所提供的最佳方案进一步论证才能最终决策,设计任务书是建设项目决策和编制设计文件的主要依据。

⑤项目招投标是指在一定范围内公开建设工程的招标范围、要求,满足相应条件的单位或企业根据工程项目的招标文件要求,编制并递交投标文件,招标单位按规定程序从中选择承包人的一种市场交易行为。招投标过程中的有序竞争,有利于提高建设工程项目的质量、

经济效益和社会效益。

2）建设项目设计阶段

建设项目设计阶段：是对建设工程在技术上和经济上所进行的全面而详尽的安排，是基本建设项目的具体化，是组织施工的依据，直接关系着工程质量和将来的使用效果。这一阶段主要包括编制工程设计文件、建设准备工作两个环节。

①编制工程设计文件：建设单位应委托具有设计资质的工程设计单位，编制建设工程设计文件。工程设计文件的编制通常分为规划设计、建筑设计两个阶段；其中，建筑设计文件的编制一般包括方案设计、初步设计和施工图设计，《建筑工程设计文件编制深度规定》（2021年版）对各阶段的工作深度有明确的规定。

②建设准备工作：包括组建筹建机构，征地、拆迁和场地平整；落实和完成施工用水、电、路等工程和外部协调条件；组织设备和特殊材料订货，落实材料供应，准备必要的施工图纸；组织施工招标、投标，择优选定施工单位，签订承包合同，确定合同价；报批开工报告等工作。开工报告获得批准后，建设项目方能开工建设，进行施工准备工作。

3）建设项目实施阶段

工程实施阶段是将工程建设项目的蓝图实现为固定资产的过程，具体可划分为施工前准备、组织施工、竣工验收3个环节。

①工程施工前准备工作的内容包括施工技术、施工材料、施工现场、施工队伍、作业条件及施工设备等方面的准备，要求做到施工现场"五通一平五落实"。"五通"即水通、电通、道路通、电话通、排水通；"一平"即场地平整；"五落实"即技术、劳动组织、材料、机具、现场设施落实。

②施工组织设计，一般要根据工程规模的大小、结构特点、技术复杂程度和施工条件的不同而定，以满足不同的实际需要。复杂和特殊工程的施工组织设计需较为详尽，小型建设项目或具有较丰富施工经验的工程则可较为简略。施工组织总设计是解决整个建设项目施工的全局问题，要求简明扼要，重点突出，要安排好主体工程、辅助工程和公用工程的相互衔接和配套。单位工程的施工组织设计是为具体指导施工服务的，要具体明确，要解决好各工序、各工种之间的衔接配合，合理组织平行流水和交叉作业，以提高施工效率。施工条件发生变化时，施工组织设计需及时进行修改和补充，以便能够继续执行。施工组织设计的内容要结合工程对象的实际特点、施工条件和技术水平来进行综合考虑。

③竣工验收是指建设工程项目竣工后，开发建设单位会同设计、施工、设备供应单位及工程质量监督部门，对该项目是否符合规划设计要求以及建筑施工和设备安装质量进行全面的检验，取得竣工合格资料、数据和凭证。竣工验收全面考核建设工作，检查是否符合设计要求及工程质量的重要环节，对促进建设项目及时投产、发挥投资效果、总结建设经验有重要的作用。

4）建设项目运行阶段

建设项目使用阶段包括投产使用和项目后评估两个环节。投产使用是建设项目的最终目标，也是项目价值的体现与检验的过程。建设项目投产后评价是工程竣工投产、生产经营一段时间后，对项目进行系统评价的一种技术经济活动，是工程建设程序的最后一个环节。

建设程序的每一个环节都以某种可交付成果的完成为标志，而前一阶段的可交付成果通常需经过批准后才能开始下一阶段的工作。以民用建设项目为例，各个阶段的衔接关系及行为主体如图5.1所示。

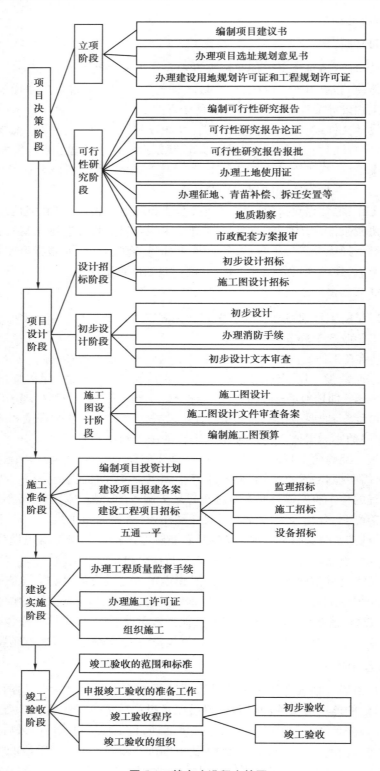

图 5.1　基本建设程序简图

5.2　项目决策阶段

5.2.1　项目建议书

项目建议书(又称项目立项申请书或立项申请报告)是项目建设筹建单位或项目法人,根据国民经济的发展、国家和地方中长期规划、产业政策、生产力布局、国内外市场、所在地的内外部条件等要求,经过调查、预测等建设可行性分析之后,由拟建项目的承担单位以书面形式对投资项目的框架性的总体设想进行描述,就项目建设的必要性和可能性提出预论证,作出项目的投资建议和对拟建项目的框架性设想。项目建议书是基本建设程序中最初阶段的工作,其主要作用是推荐一个拟建设项目的建议性文件,论述项目建设的必要性、重要性,建设条件的可行性和可能性,减少项目选择的盲目性,为下一步可行性研究打下基础,以作为政府部门选择项目的初步决策依据和进行可行性研究的依据。

项目建议书研究内容包括进行市场调研、对项目建设的必要性和可行性的研究、对项目产品的市场、项目建设内容、生产技术和设备及重要技术经济指标等进行分析,并对主要原材料的需求量、投资估算、投资方式、资金来源、经济效益等进行初步估算。

项目建议书往往是在项目早期,由于项目条件还不够成熟,仅有规划意见书,对项目的具体建设方案还不明晰。因此,我们可以说项目建议书是项目发展周期的初始阶段基本情况的汇总,是选择和审批项目的依据,也是制作可行性研究报告的依据。

1)项目建议书的主要内容

项目建议书一般由业主委托咨询单位或设计单位负责编写,其内容根据项目的不同而有所不同,但基本建设项目一般包括以下几个方面:

①投资项目建设的必要性和依据。阐明拟建项目提出的背景、拟建地点,提出与项目有关的长远规划或行业、地区规划资料,说明项目建设的必要性。

②产品方案、拟建规模、建设地点的初步设想。分析项目拟建地点的自然条件和社会条件,分析建设地点是否符合地区规划的要求。

③资源情况、交通运输及其他建设条件和协作关系的初步分析。包括项目拟建地点水电及其他公用设施、地方材料的供应情况分析。

④环境影响的初步评价。主要是预测项目对环境的影响。

⑤主要工艺技术方案的设想。

⑥投资估算、资金筹措及还贷方案的设想。说明资金来源、偿还方式,测算偿还能力。

⑦项目的进度安排。

⑧经济效果和社会效益的初步估计。

⑨有关的初步结论和建议。

项目建议书在编写过程中,要注意以下几个要点:

①项目是否符合国家的建设方针和长期规划,以及产业结构调整的方向和范围。

②项目产品是否符合市场需求,论证的理由是否充分。

③项目建设地点是否合适,有无重复建设与不合理布局的现象。

④项目的财务、经济效益评价是否合理。

2)项目建议书的审批

项目建议书按要求编制完成后,按照建设总规模和限额的划分审批权限进行报批。属中央投资、中央和地方合资的大中型和限额以上项目的项目建议书须报送国家投资主管部门(发改委)审批,重大项目由国家发改委报国务院审批。其他项目按企业隶属关系,由国务院主管部门或省、自治区、直辖市发改委审批,实行分级管理,国家发改委只做备案。属省政府投资为主的建设项目须报省发改委审批;属市(州、地)政府投资为主的建设项目须报市(州、地)发改委审批;属县(市、区)政府投资为主的建设项目须报县(市、区)发改局审批。

(1)审批内容

①项目的立项申请。

②项目建设用地来源。

③项目建设单位的资质。

④项目建议书编制单位的资质。

⑤主管部门的报告或意见。

⑥按项目需提供的其他材料。

(2)审批流程

①项目建议书的编写。

②办理项目选址规划意见书,项目建议书编制完成后,项目筹建单位应到规划部门办理建设项目选址规划意见书。

③办理建设用地规划许可证和建设工程规划许可证,在规划部门办理。

④办理土地使用审批手续,在国土部门办理。

⑤办理环保审批手续,在环保部门办理。

在完成以上工作的同时,还可以做好以下工作:进行拆迁摸底调查,并请有资质的评估单位评估论证;做好资金来源及筹措准备;准备好选址建设地点的测绘。

项目建议书经批准,称为"立项",则项目可纳入项目建设前期工作计划,列入前期工作计划的项目可开展可行性研究。立项仅说明一个项目有投资的必要性,但尚需进一步开展研究论证。

5.2.2 可行性研究报告

按照批准的项目建议书,项目承办单位即应委托有资质的设计机构或者工程咨询单位,按照国家的有关规定进行项目的可行性研究。

可行性研究是项目决策前,对拟建项目的所有方面(工程、技术、经济、财务、生产、销售、环境、法律等)进行全面、综合的调研,对项目在技术上是否先进、工程上是否可行和经济上是否合理进行科学、全面的分析和论证,通过多种方案比较,从而选出最佳方案的研究方法。

1)可行性研究的作用

可行性研究是项目决策的基础和依据,是科学地进行工程项目建设、提高经济效益的主要手段,是投资项目建设前期研究性工作的关键环节。它从宏观上可以控制投资的规模和方向,改进项目管理;从微观上可以减少投资决策失误,提升投资效果。其具体作用如下:

①是建设项目投资决策和编制设计任务书的依据。

②是项目建设单位筹集资金的重要依据。

③是建设单位与各有关部门签订各种协议和合同的依据。

④是建设项目进行工程设计、施工、设备购置的重要依据。

⑤是向当地政府、规划部门和环境保护部门申请有关建设许可文件的依据。

⑥是国家各级计划综合部门对固定资产投资实行调控管理、编制发展计划、技术改造投资的重要依据。

⑦是项目考核和评估的重要依据。

2）可行性研究的依据

拟建项目的可行性研究,必须在国家有关的规划、政策、法规的指导下完成,还要有相应的技术资料支持。主要依据有:

①国家经济发展的长期规划,部门、地区发展规划,经济建设的方针、任务、产业政策和投资政策。

②批准的项目建议书和委托单位的要求以及审批文件。

③对于大中型骨干建设项目,必须具有国家批准的资源报告、国土开发整治规划、区域规划、工业基地规划。对于交通运输项目,要有有关的江河流域规划与路网规划。

④拟建地区的自然、地理、气象、水文、地质、经济、社会、环保等基础资料。

⑤有关行业的工程技术、经济方面的规范、标准、定额资料,以及国家正式颁发的技术法规和技术标准。

⑥项目法人与有关部门达成的协议。

⑦主要工艺和设备的技术资料。

⑧市场调查报告。

⑨国家颁发的评价方法与参数,如国家基准收益率、行业基准收益率、外汇影子汇率、价格换算参数等。

3）可行性研究应遵循的基本原则

可行性研究工作在建设过程中起着极其重要的作用,为此必须严格遵守以下3个原则:

（1）科学性原则

科学性原则是可行性研究工作必须遵守的最基本原则,要做到用科学的方法和认真的态度来收集、分析原始资料,以确保它们的真实可靠,每一项技术与经济的决定,都应有科学的依据。可行性研究报告和结论必须是分析研究过程的合乎逻辑的结果。

（2）客观性原则

客观性原则要求在可行性研究过程中,要正确地认识各种建设条件,从实际出发,实事求是地运用客观的资料作出科学的决定和结论。

（3）公正性原则

只有坚持科学性与客观性原则,不弄虚作假,才能够保证可行性工作的客观性和公正性,从而为项目的投资决策提供可靠依据,不掺任何主观成分。

4）可行性研究报告的论证要素

可行性研究报告是提供给决策者和上报给主管机关审批的文件,如何论证可行性研究报告中各项因素的可行性便显得至关重要。现将可行性论证相关要素整理如下:

①投资必要性。应根据市场调查及预测的结果,以及有关的产业政策等因素,论证项目投资建设的必要性。一是做好投资环境的分析;二是做好市场研究,如市场供求预测、竞争力分析、价格分析、市场定位及营销策略论证。

②技术可行性。从项目实施的技术角度进行比选和评价,得出合理的设计技术方案。

③财务可行性。主要从项目及投资者的角度设计合理的财务方案,从企业理财的角度进行资本预算,评价项目的财务盈利能力,进行投资决策,并从融资主体的角度评价股东投资收益、现金流量计划及债务清偿能力。

④组织可行性。制订合理的项目实施进度计划、设计合理的组织机构、选择经验丰富的管理人员、建立良好的协作关系、制订合适的培训计划等,以保证项目的顺利执行。

⑤经济可行性。从资源配置的角度来衡量项目的价值,评价项目在实现区域经济发展目标、有效配置经济资源、增加供应、创造就业、改善环境、提高人民生活等方面的效益。

⑥社会可行性。分析项目对社会的影响,包括政治体制、方针政策、经济结构、法律道德、宗教民族、妇女儿童及社会稳定性等。

⑦环境可行性。主要对项目建设地区的环境状况进行调查,分析拟建项目对环境影响的范围和程度,评价项目对环境的影响,提出处理方案。

⑧风险因素控制可行性。对项目的市场风险、技术风险、财务风险、组织风险、法律风险、经济及社会风险等因素进行评价,制定规避风险的对策,为项目全过程的风险管理提供依据。

5) 可行性研究报告的主要内容

应由经过国家资格审定适合本项目的等级和专业范围的规划、设计、工程咨询单位承担项目的可行性研究,并形成书面报告。可行性研究的内容一般包括市场、资源、技术、经济和社会5个方面。可行性研究报告一般具备以下基本内容:

(1)总论

总论部分应综述项目概况,可行性研究的结论概要和存在的主要问题与建议。主要包括以下4个方面:

①报告编制依据(项目建议书及其批复文件、国民经济和社会发展规划,行业发展规划,国家有关法律、法规、政策等);

②项目提出的背景和依据(项目实施的目的、项目背景、历史发展概况、投资环境、项目投资建设的必要性和经济意义、项目投资对国民经济的作用和重要性、项目设想的主要依据、工作范围和要求);

③项目概况(项目名称、承办法人单位及法人、拟建地点、建设规划与目标、主要条件、项目估算投资、主要技术经济指标);

④问题与建议(综述可行性研究的主要结论、存在的问题与建议)。

(2)市场预测和拟建规模

市场预测和拟建规模主要包括:国内、国外市场需求的调查与预测;国内现有企业生产能力的估计;产品销售预测、价格分析,判断产品的市场竞争能力及进入国际市场的前景;确定拟建项目的规模、产品的方案和发展方向的技术经济比较和分析。

(3)场址选择

场址选择包括建设区域和建设地点的选择两个方面,主要内容包括:分析比对拟建地点的地理位置、气象、水文、地质、地形条件和社会经济现状;对交通、运输及水、电、气的现状和发展趋势进行分析;场址比较和选择意见,场址占地范围、场区总体布置方案、建设条件、地价、拆迁及其他工程费用情况。

(4)资源、原材料、燃料及公用设施的情况

资源、原材料、燃料及公用设施情况主要包括:经过全国储量委员会正式批准的资源储量、品位、成分,以及开采、利用条件的评述;原料、辅助材料、燃料的种类、数量、来源和供应的可能性;有毒、有害及危险品的种类、数量和储运条件;材料试验情况;所需动力(水、电、气等)、公用设施的数量、供应方式、供应条件、外部协作条件,以及所签协议、合同或意向的情况。

(5)项目设计方案

首先,应选定建设地点布置方案(总图设计、建筑设计进行方案比较和选择)。其次,确定项目的构成范围(即主要的单项工程)。进行设备方案、工程技术方案、技术来源和生产方法、主要技术工艺和设备造型方案的比较,以及引进技术、设备的来源及国别、设备的国内外分交或与外商合作制造的设想。再次,确定建设标准,估算土建的工程量。进行布置方案的初步选择、公用辅助设施和场内外交通运输方式的比较和初步选择,并选择建设标准、土建工程布置方案。

(6)组织机构与人力资源配置

根据项目规模、项目组成和工艺流程,研究并提出相应的企业组织结构、劳动定员总数、劳动力来源及相应的人员培训计划。

(7)项目实施进度控制

根据指定建设工期和勘察设计、设备制造、工程施工、安装、试生产所需时间与进度的要求,选择整个工程项目的实施方案和总进度。统一规划各阶段各工作环节,综合平衡,做出合理又切实可行的安排。

(8)投资评估和资金筹措

①进行项目总投资估算(含建设投资成本估算、流动资金估算、投资估算构成及表格)。

②开展资金筹措(含融资方案分析、融资组织形式、资金来源、筹措方式、各种资金来源所占比例、营运资金的估算、资金成本及贷款补偿方式和期限)。

③进行财务评价(含财务评价基础数据与参数选取、收入与成本费用估算、财务评价报表、盈利能力分析、偿债能力分析、不确定性分析、财务评价结论)。

(9)风险分析

对项目可能会遇到的风险作出预测(包括项目主要风险识别、风险程度分析、防范风险对策)。

(10)项目的效益评价

效益评价分为经济效益评价和社会效益评价两部分。经济效益评价包括价格及评价参数的选取、效益费用范围与数值调整、经济评价报表、经济评价指标、经济评价结论;社会效益评价包括项目对社会的影响分析、国民经济评价、与所在地互适性的分析、社会风险分析、社会评价结论。

(11)环境保护与劳动安全

调查环境现状,预测项目对环境的影响,提出环境保护、对"三废"的治理和劳动保护的初步方案。

环境保护包括节能、节水措施,能耗、水耗指标分析,环境影响评价包括环境条件调查、影响环境因素、环境保护措施,劳动安全卫生与消防方案包括危险因素和危害程度分析、安全防范措施、卫生措施、消防措施。

(12)综合评价与结论、建议

运用各项数据,从技术、经济、社会、财务等各个方面综合论述项目的可行性,得出明确的结论;推荐一个以上的可行性方案,提供决策参考,指出项目存在的问题、改进建议及结论性意见。

综上所述,项目可行性研究的基本内容可概括分为 3 部分。第一部分是市场调查和预测,说明项目建设的必要性;第二部分是建设条件和技术方案,说明项目在技术上的可行性;第三部分是经济效益的分析与评价,这是可行性研究的核心,说明项目在经济上的合理性。可行性研究就是主要从这 3 个方面对项目进行优化研究,并为投资决策提供依据。

6)可行性研究报告的审批

按照国家现行规定,凡属中央政府投资、中央和地方政府合资的大中型和限额以上项目的可行性研究报告,都要报送国家计委审批。国家计委在审批过程中要征求行业主管部门和国家专业投资公司的意见,同时要委托具有相应资质的工程咨询公司进行评估。总投资在 2 亿元以上的项目,无论是中央政府投资还是地方政府投资,都要经国家计委审查后报国务院审批。中央各部门所属小型和限额以下项目的可行性研究报告,由各部门审批。总投资额在 2 亿元以下的地方政府投资项目,其可行性研究报告由地方计委审批。

可行性研究报告经过正式批准后,将作为初步设计的依据,不得随意进行修改和变更。如果在建设规模、产品方案、建设地点、主要协作关系等方面有变动或突破原定投资控制数时,应报请原审批单位同意,并办理正式变更手续。可行性研究报告经批准,建设项目才算正式立项。可行性研究报告批准后,即表示国家、省、市(地、州)、县(市、区)同意该项目进行建设,但何时列入年度计划,则要根据其前期工作的进展情况及财力等因素进行综合平衡后才能决定。

5.2.3 评估决策

项目评估是由专门机构或具备资质的咨询机构对上报的项目可行性研究报告进行全面的审核和再评价,即对拟实施项目的必要性、可行性、合理性及效益、费用进行的审核和评价,最后要对项目是否合理提出评估意见,编写评估报告。项目评估是投资决策的必要条件,它一般应在可行性研究报告编制之后、项目审批之前进行,以便指导投资决策。

1)项目评估的意义

项目评估作为一种对项目投资进行科学审查和评价的理论与方法,强调从长远和客观的角度对可行性分析进行论证并做出最后的决策。为此,应参照给定的目标,对项目的净收益进行审定,权衡利弊后,寻找可替代方案;或为达到既定目标,对项目可行性分析进行论证,通过技术分析其净收益来确定最佳方案并得出最终结论。因此项目评估具有十分重要的意义。

①项目评估是项目决策的重要依据。它虽然以可行性研究为基础,但由于立足点不同,考虑问题的角度不同,往往可以弥补和纠正可行性研究的失误。

②项目评估是干预工程项目招投标的手段。通过项目评估,有关部门可以掌握项目的投

资估算、筹资方式、贷款偿还能力、建设工期等重要数据,这些数据正是干预项目招投标的依据。

③项目评估是防范信贷风险的重要手段。我国工程建设项目的投资来源除了预算拨款、项目业主自筹资金之外,大部分为银行贷款。因此,项目评估对银行防范信贷风险有极为重要的意义。

2)项目评估的依据

由于立场与侧重点不同,不同的项目评估机构进行评估时的依据有所不同。通常,可以作为项目评估的主要依据包含以下几类:

①项目建议书及其批准文件。

②可行性分析报告。

③报送单位的申请报告及主管部门的初审意见。

④项目(公司)的章程、合同及批复文件。

⑤有关资源、原材料、燃料、水、电、交通、通信、资金(含外汇),组织征地、拆迁等项目建设与生产条件落实的有关批件或协议文件。

⑥项目资本金落实文件及各投资者出具的当年度资本金安排的承诺函。

⑦项目长期负债和短期借款等落实或审批文件,以及借款人出具的用综合效益偿还项目贷款的函件。

⑧必备的其他文件和资料。

若是项目贷款,则对有关放贷机构而言,还需补充以下文件资料作为评估的依据:

①借款人近3年的损益表、资产负债表和财务状况变动表。

②对于合资或合作投资项目,各方投资者近3年的损益表、资产负债表和财务状况变动表。

③项目保证人近3年的损益表、资产负债表和财务状况变动表。

④银行评审需要的其他文件。

3)项目评估的原则

项目评估的原则有6条:分析的系统性,方案的最优性,指标的统一性,价格的合理性,方法的科学性,工作人员立场的公正性。

4)对可行性分析报告进行评估

按照我国现行政策和建设程序的规定,在项目投资的前期阶段,项目评估工作的主要内容是对拟建项目的可行性分析报告进行评估,主要应从以下3个方面进行论证:

①项目是否符合国家和地区的有关政策、法令和规定。

②项目是否符合国家和地区的宏观经济意图,是否符合国民经济发展的长远规划、行业规划和国土规划的要求,布局是否合理。

③项目在工程技术上是否先进、适用,在经济和社会效益上是否合理有效或有益。

要落实上述要求,项目评估人员必须从国家全局利益出发,坚持实事求是的原则,认真调查分析,广泛听取各方面的意见,对可行性分析报告中的基础资料、技术和经济参数进行认真的审查核实,对拟建项目的评估意见需尽量做到公正、客观和科学。具体要求如下:

①审核可行性分析报告中反映的各项情况是否确实。

②分析项目可行性分析中各项指标计算是否正确,包括各种参数、基础数据及定额费率的选择是否合适。

③从企业、国家和社会等方面综合分析和判断工程项目的经济效益和社会效益。

④分析和判断项目可行性分析的可靠性、真实性和客观性,对项目作出取舍与否的最终投资决策。

⑤最后写出项目的评估报告。

对某些大型建设项目而言,政府主管部门对其项目建议书也应进行评估,其程序和内容与对项目可行性分析的评估基本相同,只是重点对项目建设的必要性进行评估。

5)项目评估的内容

在可行性分析报告的基础上对工程建设项目进行的评估,其主要内容一般应包括以下内容:

(1)项目与企业概况评估

在正式开始进行一个项目之初,首先要对目标项目或目标企业进行概况了解和概况评估。一般来说,如果对一个项目感兴趣,打算参与投标或者立项,那么首先要对目标项目进行概况分析,如前期市场调研、利润空间评判、项目内容了解等。只有对目标项目的概况知晓后,才能为下一步的工作做出正确的判断。

除此之外,有时我们还需要对目标企业进行概况评估。这里的目标企业可能是合作企业、上一级分包企业,也可能是竞标企业或者发标企业。不管是哪种情况,我们都需要对企业概况进行了解和分析,主要包括对企业背景、企业规模、注册资本、项目经历、技术实力和资质等相关概况进行了解和掌握,从而才能在后续项目的具体执行中做到有的放矢。

(2)项目建设的必要性评估

评估项目是否符合国家的产业政策、行业规划和地区规划,是否符合经济和社会发展需要,是否符合市场需求,是否符合企业的发展要求,应从国民经济和社会发展的宏观角度论证项目建设的必要性;分析拟建项目是否符合国家宏观经济和社会发展意图,是否符合市场需求和国家规定的投资方向,是否符合国家建设方针和技术经济政策;项目产品方案和产品纲领是否符合国家产业政策、国民经济长远发展规划、行业规划和地区规划的要求。

同时,还要开展产品需求的市场调查和预测,以及项目建设规模评估。要分析产品的性能、品种、规模、构成和价格,看其是否符合国内外市场需求趋势,有无竞争能力,是否属于升级换代的产品。要根据产品的市场需求及所需生产要素的供应条件,分析项目的规模是否经济合理有益。

(3)对项目建设和生产条件的评估

①建场条件和场址方案评估。根据水文地质、原料供应和产品销售市场、生产与生活环境状况,来分析项目建设地点的选择是否经济合理,建设场地的总体规划是否符合国土规划、地区规划、城镇规划、土地管理、文物保护和环境保护的要求和规定,有无多占土地和提前征地的情况,有无用地协议文件。

②对资源、原材料、燃料及公用设施条件进行评估。分析在建设过程和建成投产后所需原材料、燃料、设备的供应条件及供电、供水、供热与交通运输、通信设施条件是否落实、有无保证,是否取得有关方面的协议和意向性文件,相关配套协作项目能否同步建设。

③环境保护评估。主要是看建设项目的"三废"(即废水、废气和废渣)治理是否符合保

护生态环境的要求,项目的环境保护方案是否获得环境保护部门的批准认可。

④查验项目所需的建设资金是否落实,资金来源是否符合国家有关政策规定,是否可靠。

⑤生产条件评估。主要根据不同行业建设项目的生产特点,评估项目建成投产后的生产条件是否具备。例如,对于加工企业项目,着重分析原材料、燃料、动力的来源是否可靠稳定,产品方案和资源利用是否合理;对交通项目则主要分析其是否有可靠的货运量。

(4)对工艺、技术和设备方案及人员组织的评估

对拟建项目所采用的工艺、技术、设备的技术先进性、经济合理性和实际适用性,必须进行综合论证分析:

①分析项目采用的工艺、技术、设备是否符合国家的科技政策和技术发展方向,能否适应时代技术进步的要求,是否有利于资源的综合利用,是否有利于提高生产效率和降低能耗与物耗,是否能提高产品质量。将技术指标与国内外同类企业的先进技术进行对比分析,衡量项目技术水平的先进性。

②分析最新技术和最新科研成果的采用情况,评价其是否先进、适用、安全、可靠,是否经过工业性试验和正式技术的鉴定,是否已经证明其确实成熟和行之有效,是否属于国家明文规定淘汰或禁止使用的技术或设备。

③对于引进的国外的技术与设备,应分析其是否成熟,是否确为国际先进水平,是否符合我国国情,有无盲目或重复引进情况;引进技术和设备是否与国内设备零配件和工艺技术相互配套,是否有利于"国产化"。

④对于改建扩建项目,还应注意评估原有固定资产是否得到充分利用,采用新的工艺、技术能否与原有的生产环节衔接配合。

⑤建筑工程标准评估。论证建筑工程采用的标准、规范是否先进合理,是否符合国家有关规定。论证建筑工程总体布置方案的比较优选是否合理,论证工程地质、水温、气象、地震、地形等自然条件对工程的影响和治理措施;审查建筑工程所采用的标准、规范是否先进、合理,是否符合国家有关规定和贯彻勤俭节约的方针。

⑥实施进度评估。论证项目建设工期和实施进度、试车、投产、达产及系统转换所选择的方案及时间安排是否正确合理。

⑦项目组织、劳动定员和人员培训计划的评估。

(5)投资估算和资金筹措评估

主要评估投资额估算采用的数据、方法和标准是否正确,是否考虑了汇率、税金、利息、物价上涨指数等因素,资金筹措的方法是否正确,资金来源是否正当、落实,外汇能否平衡等。

(6)对项目效益的评估

对拟建项目进行财务预测和财务、经济及社会效益的评估,并在此基础上进行抵御投资风险能力的不确定性分析。

①首先对评估项目效益所必需的各项基础经济数据(如投资、生产成本、利润、收入、税金、折旧和利率等)进行认真、细致和科学的测算和核实,分析这些数据估算是否合理,有无高估冒算、任意提高标准、扩大规模计算定额和费率等现象,或有无漏项、少算、压价等情况;看这些基础数据的测算是否符合国家现行财税制度和国家政策;还要论证资金筹措计划是否可行。

②项目的财务效益评估。这是从项目的角度出发,采用国家现行财税制度和现行价格,测算项目投产后企业的成本和效益,分析项目对企业的财务净效益、盈利能力和偿还贷款能力,检验财务效益指标的计算是否正确,是否能达到国家或行业投资收益率和贷款偿还期的数据基准,以及确定项目在财务上的有益性与可行性。具体评估涉及财务基本数据的选定是否可靠;主要财务效益指标的计算及参数选取是否正确;推荐的方案是否为"最佳或最优方案"。

③项目的国民经济效益评估。通常是从国家宏观的角度上,在财务经济效益评估的基础上,重点对费用和效益的范围及其数值的调整是否正确进行核查,分析项目对国民经济和社会的贡献,检验经济效益指标(如经济净现值、经济内部收益率等)的计算是否正确,审查项目投入物和产出物采用的影子价格和国民经济参数测算是否科学合理,项目是否符合国家规定的评价标准,以确定项目在经济上的合理有益性。

④社会效益评估。即对项目促进国家或地区社会经济发展,改善生产力布局,增加进出口替代能力,项目带来的经济利益和劳动就业效果、提高国家、部门或地方的科技水平、管理水平和文化生活水平的效益和影响进行评估。可按照项目的具体性质和特点,分析项目给整个社会带来的效益,如对促进国家或地区社会经济发展和社会进步,提高国家、部门或地方的科学技术水平和人民文化生活水平等方面,项目对社会收入分配、劳动就业、生态平衡、环境保护和资源综合利用等方面的贡献进行定量和定性分析,检验指标的计算是否正确、分析是否恰当,以此来确定项目在社会效益上的可行性。

⑤不确定性分析与项目风险评估。包括对项目评估的各种效益进行盈亏平衡分析、敏感性分析和概率分析,以确定项目在财务上和经济上的主要风险因素及其敏感度,确定项目抵制投资风险的能力和项目风险的预防措施及处置方案,主要是测算项目财务经济效益的可靠程度和项目承担投资风险的能力,以利于提高项目投资决策的可靠性、有效性和科学性。

(7)对项目进行总评估

对项目进行总评估即是在全面调查、预测、分析和评估上述各方面内容的基础上,对拟建项目进行的总结性评估,也就是汇总各方面的分析论证结果,进行综合分析,提出关于可否批准项目可行性分析报告和能否予以贷款等的结论性意见和建议,为项目决策提供科学依据。具体来说包括以下方面:

①对于利用外资、中外合资或合作经营项目,需要补充评估合资(或合作)外商的资信是否良好;项目的合资(或合作)方式、经营管理方式、收益分配和债务承担方式是否合适,是否符合国家有关规定;分析借用外资贷款的条件是否有利,创汇和还款能力是否可靠,返销产品的价格和数量以及内外销比例是否合理;还要分析国内匹配资金和国内配套项目是否落实。

②对于国内合资项目,需要补充说明评估拟建项目的合资方式、经营管理方式、收益分配和债务承担方式是否恰当,是否符合国家有关规定;要认真审核项目经济效益评价依据的合法性和合资条件的可靠性。

③对于技术改造项目,需要补充评估对原有厂房、设备、设施的拆迁利用程度和其建设期间对生产的影响;摸清企业的生产经营和财务现状;对技改项目的性质、改造任务和改造范围进行严格界定;比较项目改造前后经济效益的变化,即比较项目进行技术改造和不进行技术改造的经济效益变化;对比与新建同类项目投资效益的差别;鉴定分析所采用的经济效益评价方法是否正确,效益和费用数据的含义是否适当;对因项目的增量效益不足所带动企业的

存量效益的情况,还应进行企业总量效益的评估。

6)项目投资决策

项目的投资决策,是指项目投资者为了实现预期的投资效果目标,采用一定的理论、方法和手段,对若干个可行性项目实施方案进行研究论证,从中选出最为满意的项目实施方案的过程。

(1)项目投资决策的原则

①决策的科学化原则。

②决策的民主化原则。

③投资决策的责任制原则。

④提高经济效益的原则。

(2)项目投资决策的分类

①根据决策问题的影响程度和范围,可分为总体决策和局部决策。

②根据决策问题的重复情况,可分为重复性决策和一次性决策。

③根据决策目标的数量,可分为单一目标决策和多目标决策。

④根据决策问题所处条件的不同,可分为确定型决策、非确定型决策和风险型决策。

投资决策的重要性,可以集中概括为:决策成功,项目才能成功,决策失败,项目必然失败;决策正确,是最大的节约,决策失误,是最大的浪费。所以,投资决策是投资项目建设和经营过程中最重要的一环,它的正确与否,决定着投资项目的成败得失和投资效益的高低与好坏,决定着整个投资项目的发展前途和命运,也间接地决定着国家的经济发展水平。

5.2.4 设计任务书

项目总体规划设计阶段,应编制项目设计任务书,并提交给设计分承包方;详细规划及建筑设计阶段,可根据需要调整设计任务书的内容和要求;施工图设计阶段,应补充设计任务书内容,对建筑设计、结构设计、水电设计等提出详尽的设计指标。

1)收集资料

在公司建设项目立项后,项目设计任务委托前,由设计研发部收集项目设计相关资料:

①内部资料:项目可行性研究报告,项目的市场定位及质量目标,公司以前相关项目的市场调查报告及客户回访记录。

②外部资料:规划部门确定的建设规划用地条件,项目相关的法律和法规,项目相关的设计规范及技术要求,项目所在地的基础条件,项目相关的设计动态及市场状况。

2)规划设计阶段任务书内容

在项目刚启动,规划方案委托设计前,编制的设计任务书必须包括以下内容:

①项目基本情况:项目的名称,项目所处的地理位置及周边的环境状况,项目的用地面积,项目建设的内容和性质。

②项目建设相关的法律和法规。

③经济技术指标要求:容积率,绿化率,建筑后退线,建筑高度及层数控制,建筑间距要求,停车场地要求,配套服务设施的比例或面积要求。

④规划设计的基本要求:功能分区、交通流线、建筑布局等。

⑤建筑设计的基本要求:设计主题,建筑设计风格,功能组成,平面设计要求,立面设计要求,其他设计要求。

⑥景观设计要求。

⑦提出设计各阶段应提供的设计输出要求,包括图纸、模型、相关文字说明文件及电子文件等。

⑧设计进度安排,明确各设计阶段应交付的设计文件的数量质量要求及交付的期限。

5.2.5 项目招投标

1)建设工程招标

建设工程招标是指在一定范围内公开建设工程的招标范围、要求,邀请满足相应条件的企业参加投标,并按规定程序从中选择承包人的一种市场交易行为。

通过招投标过程的有序竞争,可以将建设项目发包给价格合理、技术能力及管理能力强、信誉良好的企业进行实施,从而提高招标项目的质量、经济效益和社会效益。

(1)招标程序

建设工程招标的程序主要包括招标方案拟定、招标方式备案、招标公告发布、资格预审、招标文件发放、现场踏勘、投标预备会、投标文件编制及递交、开标、评标、定标、签约、合同备案等环节。

(2)招标分类

①按招标组织形式分类

a.自行招标:招标人依靠自己的能力依法自行办理和完成招标项目的招标任务。

b.委托招标:招标人不具备自行招标条件时可以委托招标代理机构进行招标。

②按招标交易信息载体分类

a.纸质招标:招标各方以纸质文件为信息载体,完成招标、投标、开标、评标、定标的交易活动。

b.电子招标:以数据电文形式,依托电子招投标系统完成的全部或部分招投标交易、公共服务和行政监督活动。

③按发承包范围分类

a.工程总承包招标:又称为建设工程全过程招标或设计施工总承包招标,招标内容包括项目前期准备工作、勘察设计、材料设备采购、工程施工等。

b.施工总承包招标:指包含建筑工程主体结构及其他相关工程施工阶段的招标,包括招标范围内的材料、设备的采购及工程施工招标。

c.专业分包招标:指建筑工程主体内容之外的、专业性较强、可独立发包的施工招标。

④按竞争的开放程度分类

a.公开招标:招标人以招标公告的方式邀请不特定的法人或者其他组织投标。

b.邀请招标:招标人以投标邀请书的方式邀请特定的法人或者其他组织投标。

(3)招标文件的编制

招标文件是招标人向潜在投标人发出的要约邀请文件,是告知潜在投标人招标项目的内容、范围、数量、招标要求、投标资格要求,投标文件编制与递交要求,评标标准与方法,合同条款与技术标准等招投标活动主体必须掌握的信息和依据,对招投标各方均具有法律约束力。招标文件的主要内容一般包括以下方面:

①投标人须知。

②评标方法。

③合同条款。

④工程量清单。

⑤图纸、技术标准和要求编制。

2)建设工程投标

投标是投标人根据工程项目的招标文件要求,编制并递交投标文件,参与该项目投标竞争的一种经济行为。由于我国有关法律法规对于建设工程投标人的资格有特殊要求,因此投标人通常是具备独立法人资格的企业或联合体,自然人不能成为建设项目的投标人。

(1)投标程序

投标活动的具体流程包括前期准备、投标报名、递交资格预审申请文件、购买并研究招标文件、踏勘现场、参加投标预备会、编制并递交投标文件等。

(2)投标文件的构成

投标文件的组成应包括下列内容:

①投标函及投标函附录。

②法定代表人身份证明或附有法定代表人身份证明的授权委托书。

③投标保证金。

④已标价工程量清单。

⑤施工组织设计。

⑥项目管理机构。

⑦资格审查材料。

⑧投标人须知的附表规定的其他材料。

3)建设工程决标

决标是招投标活动的一项重要程序,包括相关主体依据招标文件、投标文件所开展的开标、评标、定标及签约等一系列活动,具体程序如图5.2所示。其主要目的是确定招投标活动的结果,即确定最终承包人。

(1)开标

招标人或招标代理机构按照招标文件中载明的时间和地点要求,将各投标人的投标文件正式启封揭晓,公开宣布全部投标人的名称、投标报价、工期及质量标准等主要内容的过程。开标体现了招投标活动的公开原则。

(2)评标

招标人依法组建的评标委员会根据法律规定和招标文件确定的评标方法及具体评标标准,对开标中所有拆封并唱标的投标文件进行评审,根据评审情况出具评标报告,并向招标人推荐中标候选人,或者根据招标人的授权直接确定中标人的过程。

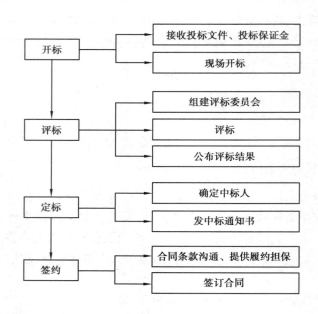

图5.2　建设工程投标流程图

（3）定标

定标也称中标,指招标人根据评标委员会的评标报告,在推荐的中标候选人中确定最后中标人的过程。中标人是被确定为合同当事人的民事主体。

（4）签约

招标人、中标人依据招标文件中的合同条款、投标报价及承诺等签订发承包合同,约定建设工程的签约合同价、工期、质量、权利、义务及一系列发承包过程中可能会出现的事项的处理原则及方法。

5.3　工程设计阶段

工程设计是指对建设工程所需的技术、经济、资源、环境等条件进行综合分析、论证,编制建设工程设计文件的活动。

设计阶段是建设项目进行全面规划和具体描述实施意图的过程,是工程建设的灵魂,是处理技术与经济关系的关键性环节,是保证建设项目质量和控制建设项目造价的关键性阶段。工程设计文件是项目组织施工的依据,设计的质量直接关系着工程的质量和将来使用的效果。因此,设计阶段是整个工程项目的决定性环节。在项目建议书、可行性研究报告审批完成并最终立项之后,建设单位即可办理报建手续,进入工程设计阶段。

5.3.1　工程设计人员的岗位与职责

在工程设计的项目组中,工程设计人员的岗位分为设计总负责人、专业负责人、设计人、校对人、审核人和审定人。工程由设计总负责人管理,专业负责人协助设计总负责人对本专业的设计工作实施管理。校对人、审核人和审定人的岗位是为了保障设计质量、对图纸实行多重校审工作而设置的。对于小型、简单的工程项目,上述各岗位人员可以兼任。

1) 设计总负责人

设计总负责人是工程项目设计的主持者和全过程的组织者,也是工程项目设计的技术负责人,按设计控制程序组织开展工作,对设计进度和项目综合质量全面负责。在民用建筑设计中,设计总负责人通常由国家一级注册建筑师担任,部分工业类建筑也可由国家一级注册结构工程师担任;院管项目由院总工、副总工担任,可设一名副设计总负责人协助设计总负责人处理日常工作,技术问题应由设计总负责人同意后才可签发文件。

设计总负责人的权利和职责如下:

①根据设计任务书和政府文件,收集和索取设计文件及原始资料,组织现场踏勘,落实设计条件,提出设计原则,组织制订设计计划。

②组织编制设计管理的制度、流程,督促、检查其贯彻执行;主持签订《工程设计配合进度表》,检查阶段执行情况,保证任务按期完成。

③负责项目全过程的设计管理、协调工作;负责设计部团队的组建和培养,控制各专业互提条件进度,签署《专业互提条件单》。

④负责各阶段设计方案、设计图纸的评审;编写初步设计总说明,组织编写并汇总消防、人防、环保、劳动(职业)安全卫生和卫生防疫等专篇。

⑤指导、监督、考核设计部门员工工作,保障工作目标的实现,监督项目设计进度,保证设计质量。

⑥组织综合定案会议,协调和解决公司内部项目建设中出现的技术问题;协调各专业间的矛盾,解决一般性争议的问题,填写《设计评审记录单》。

⑦组织设计文件签署,包括图签、方案扉页、初设扉页、初设专篇封面、施工图封面、计算书封面、概(预)算封面、施工图会签栏的签署;组织施工图会签,图纸及设计文件编目,组织各专业计算书,定案结论单,设计文件校审记录单,质量评定单,图审意见回复单,各种设计原始资料及来往文件等的归档工作。

⑧控制设计费用的拨付,监督设计合同的签订。

⑨认真贯彻执行有关政策、法令、法规、标准、规范,严格执行项目批准的规模、建设投资、建筑面积、设计标准及主要技术经济指标。

⑩负责各阶段设计变更的审批和监督及修改调整工作;组织各专业做好图纸交底、答疑、变更等工作,并做好会议纪要。

⑪协调和解决项目建设中出现的技术问题,即外部接口工作,主要包括与建设单位、施工单位、监理单位、合作设计方、审图中心、审批主管部门等的对接。

⑫组织各专业进行现场服务、回访及竣工验收。

2) 专业负责人

专业负责人在总负责人的领导下,对本专业的设计质量与进度负责,应由专业理论扎实、技术熟练的执业注册资格的专业人员担任。专业负责人的权利和职责如下:

①执行本专业应遵守的标准、规范、规程及本单位的技术措施。

②完成设计项目本专业部分策划报告,编制本专业技术条件。

③验证建设单位和外专业提供的设计资料,并及时向其反馈有关设计资料,做好专业之

间的配合工作。

④依据各设计阶段的进度控制计划制订本专业相应的作业计划和人员配备计划,组织本专业各岗位人员完成各阶段设计工作,完成图纸的验证,参加会审、会签工作,并在图纸专业负责人栏内签字。

⑤承担创优项目时,负责制订和实施本专业的创优措施。

⑥进行施工图交底,负责处理设计更改,解决施工中出现的有关问题,履行洽商手续,参加工程验收,服务并总结专业性工程的回访。

⑦负责收集整理本专业设计过程中形成的质量记录和设计文件,并进行归档。

3)设计人

设计人在专业负责人的指导下进行设计工作,对本人的设计进度和质量负责,应由具有初级及以上专业技术职称的专业人员担任。各专业设计人员的权利和职责如下:

①根据专业负责人分配的任务熟悉设计资料,了解设计要求和设计原则,正确进行设计,并做好专业内部和与其他专业的配合工作。

②配合专业进度,制订详细的作业计划,并按照岗位要求完成各阶段的设计、自校工作。

③组织项目的勘察设计工作,组织对初步方案、扩初设计各阶段的方案优化工作,对项目设计过程进行合理监控,组织各阶段各专业设计图纸审查,全面把握项目的建筑技术、效果、质量。

④正确选用标准图及重复使用图,保证满足设计条件。

⑤受专业负责人委派下施工现场,处理有关问题,处理结果及时向专业负责人汇报,工程修改及洽商应报专业负责人和审核人审核并签字。

⑥对完成的设计文件应认真自校,保证设计质量,并在图纸设计人栏内签字。

4)校对人

校对人在专业负责人的指导下,对设计进行校对工作,负责校对设计文件内容的完整性,应由具有中、高级技术职称或本专业执业注册资格的专业人员担任。校对人的权利和职责如下:

①充分了解设计意图,对所承担的设计图纸和计算书进行全面校对,使设计符合正确的设计原则、规范、本单位技术措施,数据合理正确,避免图面错、漏、缺。

②协调本专业与有关专业的图纸,协助做好专业间的配合工作,把好质量关。

③对校对中发现的问题提出修改意见,督促设计人员及时处理存在的问题。

④填写校对审图记录单,对修改内容进行验证合格之后,在图纸校对栏内签字。设计人如无正当理由而拒绝修改的,校对人有权不在图纸校对栏内签字。

5)审核人

审核人应由具有中、高级技术职称或具有注册资格的专业人员担任,其中大型、复杂项目的审核人必须由具有高级技术职称或具有一级注册资格的专业人员担任。审核人的权利和职责如下:

①按照作业计划审核设计文件(包括图纸和计算书等)的完整性及深度是否符合规定要求;审核设计文件是否符合规划设计条件和设计任务书的要求,是否符合审批文件的要求。

②审核设计文件是否符合方针政策以及国家和工程所在地区的标准、规范、规程以及本

单位的技术措施,避免图面错、漏、碰、缺。

③审查专业接口是否协调统一,构造做法、设备选型是否正确,图面索引是否标注正确、说明清楚。

④填写校对审图记录单,对修改内容进行验证合格之后,在图纸审核栏内签字。设计人如无正当理由而拒绝修改的,审核人有权不在图纸审核栏内签字。

6)审定人

审定人应由总建筑师、副总建筑师或指定具有一级注册资格的专业人员担任。审定人的权利和职责如下:

①负责指导本专业的设计工作,并解决设计中的重大原则问题。审定本专业统一技术条件。

②审定工程项目设计策划、设计输入、设计输出、设计评审、设计验证、设计确认等各项程序的落实。

③审定设计是否符合规划设计条件、任务书、各设计阶段批准文件、标准、规范、规程及本单位技术措施等。

④审定设计深度是否符合规定要求,检查图纸文件及记录表单是否齐全。

⑤评定本专业工程设计成品的质量等级。

⑥对审定出的不合格品进行评审和处置。

⑦填写校对审图记录单,修改内容验证合格之后,在图纸审定栏内签字。如设计人、专业负责人、设计总负责人无正当理由而拒绝修改的,审定人有权不在图纸审定栏内签字。

5.3.2 设计工作的基本环节与程序

民用建筑工程一般应分为3个阶段,即方案设计阶段、初步设计阶段和施工图设计阶段。而各个阶段的设计工作,又都是全部或者部分地由下列基本环节所组成:

(1)设计准备

承接设计任务后,设计单位即根据工作规模、项目管理等级、岗位责任确定项目组成员。项目组在设计总负责人的主持下开展设计工作。

设计总负责人首先要和有关的专业负责人一起研究设计任务书和有关批文,搞清建设单位的设计意图、范围和要求,以及政府主管部门批文的内容。然后组织人员去现场踏勘并与甲方座谈沟通,收集有关设计基础资料和当地政府的有关法规等。当工程需采用新技术、新工艺或新材料时,应了解其技术要点、生产供货情况、使用效果、价格等情况。

(2)确定本专业设计技术条件

在正式设计工作开展前,专业负责人应组织设计人、校对人与审定(核)人一起确定本专业的设计技术条件,具体内容包括:

①设计依据有关规定、规范(程)和标准。

②拟采用的新技术、新工艺、新材料等。

③场地条件特征,基本功能区划、流线,体型及空间处理创意等。

④关键设计参数。

⑤特殊构造做法等。

⑥专业内部计算和制图工作中需协调的问题。

（3）进行专业间的配合和互提资料

为保证工程整体的合理性，消除工程的安全隐患，确保设计按质量如期完成，在各阶段设计专业之间均要各尽其责，互相配合，密切协作。在专业配合中应注意以下几点：

①按设计总负责人制订的工作计划，按时提出本专业的资料。

②核对其他专业提来的资料，发现问题及时提出。

③专业间互提资料应由专业负责人确认。

④应将涉及其他专业方案性问题的资料尽早提出，发现问题尽快协商解决。

（4）编制设计文件

编制设计文件时，设计单位的工作人员应当充分理解建设单位的要求，坚决贯彻执行国家及地方有关工程建设的法规。应符合国家现行的建筑工程建设标准、设计规范和制图标准以及确定投资的有关指标、定额和费用标准的规定，满足原建设部《建筑工程设计文件编制深度规定》对各阶段设计深度的要求。当合同另有约定时，应同时满足该规定与合同的要求；对于一般工业建筑（房屋部分）的工程设计，设计文件编制深度尚应符合有关行业标准的规定。在工作中要做到以下几点：

①贯彻确定的设计技术条件。发现问题及时与专业负责人或审定人商定解决。

②设计文件编制深度应符合有关规定和合同的要求。

③制图应符合国家及有关制图标准的规定。

④完成自校，要保证计算的正确性和图纸的完整性，减少错、漏、缺。

（5）专业内校审和专业间会签

设计工作后期，在设计总负责人的主持下各专业应共同进行图纸会签。会签主要解决专业间的局部矛盾和确认专业间互提资料的落实。完成后由专业负责人在会签栏中签字。

专业内校审主要由校对人、专业负责人、审核人、审定人来执行。在确认设计技术条件后，保证其计算的正确性和保证设计文件满足其深度的要求，在设计人修改确认后，有关人员在相应签字栏中签字。

（6）设计文件归档

设计工作完成之后应将设计任务书、审批文件、收集的基础资料、全套设计文件（含计算书）、专业互提资料、校审纪录、工程洽商单、质量管理程序表格等进行归档。

（7）施工配合

施工图设计完成之后需要进行施工配合工作，并向建设、施工、监理等单位进行技术交底。针对施工中出现的问题，要及时出工程洽商或修改（补充）图纸，还要参加隐蔽工程的局部验收。

（8）工程总结

工程竣工后可以对建设单位、施工单位等进行回访，听取相关人员的意见，进行工程总结，以便今后提高设计质量。

而实际工作中，工程设计工作的基本环节可以根据其复杂程度有所增减，且有些环节是交叉或多次反复从而逐步深化进行的（尤其是配合工作）。

5.3.3 设计阶段的划分

1）规划设计阶段

建设项目的规划设计一般指建设单位编制的修建性详细规划,是在控制性详细规划的指导下,依据规划主管部门拟订的规划条件而做出的建设项目的具体布局安排。

可根据具体建设项目的规模和性质确定是否需要编制修建性详细规划:对于用地规模不大的建设项目和单体建筑,可以将修建性详细规划与工程设计方案合并;对于用地规模较大的建设项目,或处于历史文化街区、重要的景观风貌区、重点发展建设区等城市重要地段,或可能涉及周边单位公众切身利益,必须严格控制成片建设地段的较大建设项目,应先编制修建性详细规划,经人民政府(或部门规划主管)审核同意后再进行建设工程方案设计。

（1）规划内容

①建设条件分析及综合技术经济论证。根据用地功能性质,经过实地调查,收集人口、土地利用、建筑、市政工程现状及开发条件等资料的综合分析和技术经济论证,确定规划原则以及用地定额指标。

②建筑、道路和绿地等的空间布局和景观规划设计,布置总平面图。确定项目用地内的布局结构和道路系统,对建筑、道路、绿地等作出功能布局,确定住宅、公共设施、交通、绿地、市政工程、消防等设施的建筑空间布局及用地界线。

③对住宅、医院、学校和托幼等建筑进行日照分析。

④根据交通影响分析,提出交通组织方案和设计。确定规划区内道路走向、红线宽度、横断面形式、控制点的坐标及标高。

⑤确定规划区内给水、排水、电力、电讯及燃气等工程管线和构筑物的位置、用地、容量等。

⑥确定规划区内园林绿地分类、分级及其位置、范围,布置景观节点、控制区。

⑦进行竖向规划设计,确定用地内的竖向标高、坡度、主要建筑物、构筑物的标高。

⑧估算工程量、拆迁量和总造价,分析投资效益,提出有关实施措施的建议。

（2）规划审核

规划设计方案审核不属于行政许可,也不属于行政审批,而是建设工程报批报建过程中必须进行的技术审核。

①送审要求。

a.提供建设项目可行性研究报告的批复、修建性详细规划方案编制单位的规划编制说明和交通影响评价报告、环境影响评价报告等;

b.旧城区内的危房改建项目,应提供现状树木情况调查及名木古树的保护说明,文物部门对文物保护措施的批复等文件;

c.规划方案是经过设计招标或者是方案征集的,应该提供设计招标文件或方案评标或评审的会议纪要等文件;

d.应包括图纸目录、总平面图、交通组织图、绿化系统图、沿街单体建筑标准层平面图、单体建筑立面图剖面图、彩色效果图;

e.总平面图的要求:以现状 1∶500 地形图为底图,按照国家制度、技术规范绘制总平面图;标注用地边界折点的坐标,相邻道路红线和道路名称、宽度、申报项目与周边现状建筑、规划建筑的相对关系和建筑间距;申报项目和周边现状建筑、规划建筑的层数、性质及高度;拆迁范围和应拆除的建筑;列出用地平衡表、配套设施明细表、建筑面积明细表和其他技术指标;标注指北针和比例尺;

f.立面图的要求:建筑总高度、建筑外立面的材料及色彩;

g.模型的要求:环境关系模型,建筑及规划模型。

②审核要点。

a.方案编制单位是否具备相应的规划设计资质;

b.方案的图件是否符合出图手续,方案的说明是否与图件一致;

c.规划方案的各项指标是否符合规划设计条件的要求;

d.居住区的配套设施是否符合有关规定,布局是否合理;

e.建筑间距、绿地率、停车位等方面是否符合有关法规的要求。

③成果修改。

规划设计方案经城乡规划主管部门审核批复以后,建设单位不得擅自改变方案、必须严格执行。但是建设项目在实施过程中可能会由于各种客观情况发生了重大变化,或出于公共利益的需要,需要对已批复方案进行变更。建设单位应当向城乡规划主管部门以书面方式提出申请,并提供相应材料(申请表、专家咨询材料等),符合法定条件的方可对原规划设计方案进行修改变更。

2)建筑设计阶段

民用建筑工程设计可根据项目的性质、规模及技术复杂程度分阶段进行,一般分为方案设计、初步设计和施工图设计 3 个阶段。对于技术要求简单的民用建筑工程,经有关部门同意,并且合同中有不做初步设计的约定,可在方案设计审批后直接进入施工图设计。

(1)方案设计阶段

方案设计阶段是接到设计任务后,由建筑专业人员绘制方案草图,其他专业配合确定结构选型、设备系统等设想方案,并估算工程造价;组织方案审定或评选,写出定案结论,并绘制方案报批图。

方案设计阶段的工作,可以是直接受建设单位委托,签订设计合同后开始进行方案设计;而在更多情况下,则是以参加建筑方案投标,有时甚至是参加设计竞赛的方式,来开始方案设计阶段工作的。无论以哪种方式开始方案设计,本阶段的技术工作内容与过程都是基本一致的。

①方案构思与调研。本阶段建筑师是对建筑物的主要内容(功能和形式)作出具体而概括的安排,处理和解决一系列的重大矛盾,诸如:建筑物与周围环境的矛盾,需要与可能之间的矛盾,建筑物自身不同功能之间的矛盾,适用、经济、绿色、美观几个基本要素之间的矛盾,以及其他专业在技术要求上的矛盾等。建筑师在方案设计阶段的核心任务就是努力寻找解决上述诸多矛盾的最佳解决方案。

为此,建筑师一方面要反复了解并深刻理解建设方的要求和意图,另一方面要对相关的外部技术资料做深入的搜集与研究。在这一阶段建筑专业通常需要收集的资料有：

a.相关文件：如工程建设项目委托文件、主管部门审批文件、有关协议书等；

b.自然条件：地形地貌，如海拔高度、场地内高差及坡度走向，山丘河湖和原有林木、原地分布及有保留价值的建筑物的分布状况；水文地质，如土层、岩体状况、软弱或特殊地基状况，地下水位，标准冻深，抗震设防烈度，气象（如工程建设项目所处气候区类别），年最高和最低温度、湿度，最大日温差，年降雨量，主导风向，日照标准；

c.规划市政条件：道路红线、建筑控制线、市政绿化及场地环境要求，基地四周交通、供水、排水、供电、供燃气、通信等状况，基地附近商业网点服务设施、教育、医疗、休闲等配套状况；

d.建设方意图：使用功能、室内外空间安排、交通流线等基本要求，体型、立面等形象艺术方面的要求，建设规模，建设标准，投资限额；

e.施工条件：当地建设管理部门及监理公司等方面的状况，地方性法规及特殊习惯做法；

f.其他：当地施工队伍的技术、装备状况，当地建筑材料与设备的供应、运输状况。

②专业配合及互提资料。建筑专业应向其他各专业提供经过整理的建设单位提供的相关设计文件、资料，作为各专业的设计依据；建筑设计说明及方案设计图纸。

结构、水、暖、电各专业在接到建筑专业的资料以后，应根据工程情况向建筑专业反馈技术要求和调整意见，并且协助建筑专业完善和深化设计。

③编制设计文件。方案设计阶段所编制的设计文件主要包括设计说明书和建筑设计图纸两大部分。具体内容如下：

A.设计说明书。主要包括设计依据、设计要求及主要技术经济指标，应列出与工程设计有关的依据性文件的名称和文号；设计所采用的主要法规和标准；设计基础资料；建设方案和政府有关主管部门对项目设计的要求；建筑限高；委托设计的内容和范围；工程规模和设计标准（包括工程等级、结构的设计使用年限、耐火等级、装修标准等）；主要技术经济指标。

a.总平面设计说明：概述场地现状特点和周边环境情况，详尽阐述总体方案的构思意图和布局特点，以及在竖向设计、交通组织、景观绿化、环境保护等方面所采取的措施；关于一次规划、分期建设，以及原有建筑和古树名木的保留、利用、改造方面的总体设想。

b.建筑设计说明：主要说明方案的构思特点，包括建筑的平面和竖向构成、空间处理、立面造型和环境分析等；建筑的功能布局和交通组织；防火设计及安全疏散；无障碍、节能和智能化设计的简要说明；具有地下人防等特殊设计时的相应说明。

c.各专业设计说明：结构设计说明、建筑电气设计说明、给排水设计说明、采暖通风与空气调节设计说明、热动力设计说明、投资估算编制说明及投资估算表等。

B.总平面设计图纸。应表明场地的区域位置、场地的范围，反映场地内及四周的环境，表示出场地内拟建道路、停车场、广场、绿地及建筑物的位置，以及主要建筑与用地界线及相邻建筑物之间的距离，表明拟建主要建筑的名称、出入口、层数与设计标高，画出指北针或风玫瑰图；除总平面布置图外，还应有功能分区、交通、消防及景观绿化等分析图。

④建筑设计图纸。包括平面图、立面图、剖面图，以及设计合同中规定的透视图、鸟瞰图和模型等。

⑤热能动力设计图纸(当项目为城市区域供热或区域煤气调压站时提供)。

(2)方案设计阶段文件编制的原则

根据原建设部《建筑工程设计文件编制深度规定》,在方案设计阶段文件的编制中,要掌握如下原则:

①应满足编制初步设计文件的需要。

②因地制宜地正确选用国家、行业和地方建筑标准设计。

③对于一般工业建筑(房屋部分)工程设计,设计文件编制深度尚应符合有关行业标准的规定。

④当设计合同对设计文件编制深度另有要求时,设计文件编制深度应符合设计合同的要求。

3)初步设计阶段

方案设计审查批准后,进行初步设计,初步完成各专业配合,细化方案设计,编制初步设计文件,配合建设单位办理相关的报批手续,控制投资,对特殊设备提出订货条件。

在建筑方案中标并批复后,除技术要求简单的民用建筑工程外,通常需要进行初步设计。这个阶段的设计文件要满足政府主管部门报批、控制工程造价及特殊大型设备订货的需要。在这个设计阶段,要求各专业基本确定本专业设计方案,解决各设备用房的工艺布置、管井和干管布置、总图布置,明确各专业间的配合等问题,以满足下一步编制施工图的需要。

初步设计阶段提交的设计文件包括各专业的设计说明书(含消防专篇、环保专篇和节能专篇)、图纸、工程概算及设备、材料表。

(1)初步设计步骤及流程

初步设计阶段建筑专业工作流程如图5.3所示。

初步设计阶段,各专业相互配合,一般分两个时段互提资料。

①第一时段:由建筑专业向各专业提供在方案设计基础上补充及调整后的设计资料等。各专业设计人员据此了解建筑概况及设计范围等,并进行专业确认,及时反馈调整补充意见,作为建筑专业,在第一时段需接受这些资料。

②第二时段:建筑专业依据反馈资料,完成对设计依据的补充、简要说明,以及对设计图纸的细化、补充和修改,同时需各专业配合,完成报送设计说明书,此为建筑专业在第二时段提供的资料。各专业设计人员再根据此资料,针对平面布置、技术要求等将意见和建议反馈给建筑专业,作为建筑专业第二次接受的资料。

(2)编制设计文件

初步设计阶段的设计文件主要包括设计说明书、有关专业的设计图纸和工程概算书,具体内容如下:

①设计总说明:

a.工程设计的主要依据:设计中贯彻的国家政策、法规;主管部门批文、可行性研究报告、立项书、方案设计文件等的文号或名称;城市或地区的气象、地理、地质条件,公用设施、交通条件;规划、用地、环保、卫生、绿化、消防、人防、抗震等方面的要求和依据的资料;建设方提供的使用要求或生产工艺等资料;本工程采用的主要法规、规范、标准等。

b.工程建设的规模和设计范围:工程项目的组成和设计规模,分期建设的情况,承担设计的范围与分工。

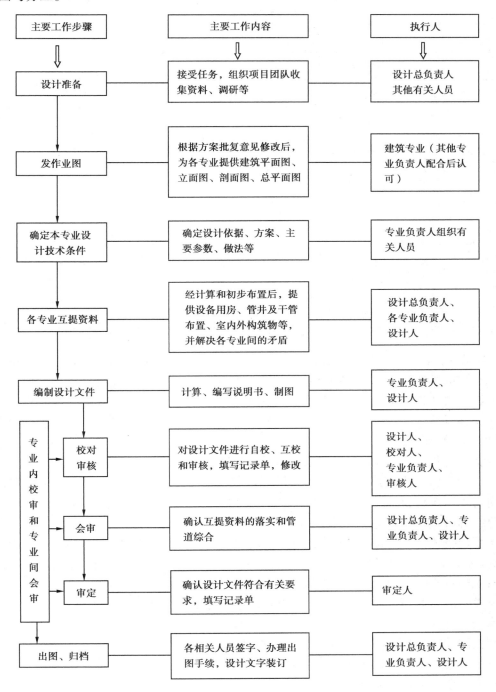

图 5.3　建筑专业初步设计流程图

c.设计指导思想和设计特点:建筑设计构思、立意理念与特色;采用的新技术、新材料、新结构等;环保、安全、防火、交通、用地、节能、人防、抗震等主要设计原则;根据使用功能要求对总体布局和选用标准的综合叙述。

d.总指标:总用地面积,总建筑面积,其他相关技术经济指标(表5.1)。

表 5.1　民用建筑主要技术经济指标

序　号	名　　称	单　位	数　量	备　注
1	总用地面积	公顷		
2	总建筑面积	平方米		地上/地下
3	建筑占地面积	公顷		
4	道路广场总面积	公顷		含停车场面积
5	绿化总面积	公顷		
6	容积率			
7	建筑密度	%		
8	绿地率	%		
9	机动车停车位数量	位		室内/室外
10	非机动车停车位数量	位		

e.提请在设计审核时需解决或确定的主要问题:有关城乡规划、红线、拆迁和水、电、燃料等能源供应的协作问题;总建筑面积、总概算中存在的问题;设计选用标准方面的问题;主要设计基础资料和施工条件落实情况等影响因素。

对于在设计总说明中已经叙述过的内容,在后面的各专业说明中就可以不再重复了。

②场地设计:

a.设计说明书:

● 设计依据及基础资料:摘述方案设计所依据的资料及批文中的有关内容;规划许可条件及对总平面布局、环境、空间、交通、环保、文物保护、分期建设等方面的特殊要求;本工程采用的坐标、高程系统;

● 场地概述:工程名称及位置,四邻原有的和规划的重要建筑物及构筑物;概述场地地形地貌;描述场地内原有建筑物、构筑物,以及保留(名木、古迹等)、拆除的情况;描述与总平面设计有关的自然因素,如地震、滑坡等地质灾害;

● 总平面布置:说明如何因地制宜布置建筑物,使其满足使用功能和城乡规划要求及经济技术的合理性;说明功能分区原则、远近相结合、发展用地的考虑;说明室内外空间的组织及其与四周环境的关系;说明环境景观设计与绿地布置等;

● 竖向设计:说明竖向设计的依据;说明竖向布置方式,如地表雨水的排除方式等;根据需要注明初平的土石方工程量;

● 交通组织:说明人流和车流的组织,出入口、停车场(库)的布置及停车数量;消防车道和高层建筑消防扑救场地的布置;道路的主要设计技术条件;

● 主要技术经济指标表:总用地面积、总建筑面积(包含各功能的建筑面积统计)、建筑占

地面积、道路广场总面积、绿化总面积、容积率、建筑密度、绿地率、机动车停车位数量、非机动车停车位数量等;

• 提请在设计审批时解决或确定的主要问题。

b.设计图纸:

• 区域位置图(根据需要绘制);

• 总平面图:保留的地形、地物;测量坐标网、坐标值,场地范围的测量坐标或定位尺寸,道路红线、建筑红线或用地界线;场地四邻原有及规划道路和主要建筑物及构筑物;道路、广场的主要坐标(或定位尺寸),停车场、停车位、消防车道及高层建筑消防扑救场地的布置,必要时加绘交通流线示意;绿化、景观及休闲设施的布置示意;

• 竖向布置图:场地范围的测量坐标值(或尺寸);场地四邻的道路、地面、水面及其关键性标高;保留的地形、地物;建筑物、构筑物、拟建建筑物、拟建构筑物的室内外设计标高;主要道路、广场的起点、变坡点、转折点和终点的设计标高,以及场地的控制性标高;用箭头或等高线表示地面坡向,并表示出护坡、挡土墙、排水沟等。

③建筑设计:

a.设计说明书:

• 设计依据及要求:摘述任务书等依据性资料中与建筑专业有关的内容;表述建筑类别和耐火等级,抗震设防烈度,人防等级,防水等级及适用规范和技术标准;简述建筑节能和建筑智能化等要求;

• 建筑设计说明:概述建筑物的使用功能和工艺要求,建筑层数、层高和总高度,结构选型和设计方案调整的原因、内容;简述建筑的功能分区、建筑平面布局和建筑组成,以及建筑立面造型、建筑群体与周围环境的关系;简述建筑的交通组织、垂直交通设施的布局,以及所采用的电梯、自动扶梯的功能、数量、吨位、速度等参数;综述防火设计的建筑分类,耐火等级,防火、防烟分区的划分,安全疏散,以及无障碍、节能、智能化、人防等设计的情况和所采用的特殊技术措施;列出主要技术经济指标(包括能反映建筑规模的各种指标);

• 多子项工程中的简单子项可用建筑项目主要特征表(表5.2)作综合说明;

表 5.2 民用建筑项目主要特征表

项目名称	备　注
编号	
建筑类别	
耐火等级	
抗震设防烈度	
人防防护等级	
主要结构选型	
建筑层数、总高度	
建筑基底面积	

续表

项目名称			备　注
建筑总面积			
建筑构造及装饰	墙体		
	地面		
	楼面		
	层面		
	天窗		
	门		
	窗		
	顶棚		
	内墙面		
	外墙面		

- 对需分期建设的工程,说明分期建设内容;
- 对幕墙、特殊层面等需另行委托设计、加工的工程内容作必要的说明;
- 需提请审批时解决的问题或需确定的事项及其他事宜。

b.设计图纸:

- 平面图:标明承重结构的轴线、轴线编号、定位尺寸和总尺寸;绘出主要结构和建筑构配件,如非承重墙、壁柱、门窗、幕墙、天窗、楼梯、电梯、自动扶梯、中庭及其上空、夹层、平台、阳台、雨篷、台阶、坡道、散水、明沟等的位置;表示主要建筑设备的位置,如水池、卫生器具或设备专业的有关设备等;表示建筑平面或空间的防火分区及防火分区分隔位置和面积;标明室内室外地面设计标高及地上地下各层楼地面标高;

- 立面图:主要立面的外轮廓及主要结构和建筑部件的可见部分,如门窗(幕墙)、雨篷、檐口(女儿墙)、屋顶、平台、栏杆、坡道台阶和主要装饰线脚等;平面图、剖面图未能表示的屋顶、屋顶高耸物、室外地面等的主要标高或高度;

- 剖面图:剖面应剖在层高、层数不同,内外空间比较复杂的部位,图中应准确、清楚地标示出剖到或看到的各相关部分的内容,并应表示:内外承重墙、柱的轴线,轴线编号;结构和建筑构造部件,如地面、楼板、屋顶、檐口、女儿墙、吊顶、梁、柱、内外门窗、天窗、楼梯、电梯、平台、雨篷、阳台、地沟、地坑、台阶、坡道等;各种楼地面和室外标高,以及室外地坪至建筑物檐口或女儿墙顶的总高度,各楼层之间尺寸和其他必需尺寸;

- 对于紧邻的原有建筑,应绘出其局部的平面图、立面图、剖面图。

④其他专业设计。其他专业包括结构、建筑电气、给水排水、采暖通风与空气调节、热能动力、概算等。

(3)初步设计文件编制原则

①应满足编制施工图设计文件的需要,以及采购主要材料和关键设备的需要。

②因地制宜地正确选用国家、行业和地方建筑标准设计。

③对于一般工业建筑(房屋部分)工程的设计,设计文件编制深度尚应符合有关行业标准的规定。

④当设计合同对设计文件编制深度另有要求时,设计文件编制深度应符合设计合同的要求。

4)施工图设计

在取得初步设计审批文件之后,应根据审批意见和审批文件,对初步设计进行必要的调整。设计总负责人应和专业负责人协调商定各专业配合进度,进行施工图设计,以满足施工要求。

在初步设计文件经政府有关主管部门审查批复、建设方对有关问题给予答复后,项目组可开始施工图设计工作。这个阶段的设计文件应满足设备材料采购、非标设备制作和施工的需要。对于将项目分别发包给几个设计单位或实施设计分包的情况,设计文件相互关联处的深度应满足各承包或分包单位设计的需要。这个阶段提交设计文件应包括各专业全套施工图和工程预算。

(1)建筑专业设计步骤

施工图设计阶段各流程及各工种之间的配合与初步设计阶段类同,与初步设计相比,施工图设计只是在确定布置和做法时应依据国家规范、建设单位要求及各专业提出的资料,补充初步设计文件审查变更后需重新修改和补充的内容,并进行相关计算,其他部分均与初步设计阶段流程相同。建筑专业需要接收、提供的技术资料其主要内容比初步设计阶段更加细致和具体。

(2)编制设计文件

在施工图设计阶段,设计文件包括总平面图,建筑平、立、剖面图,其他专业图纸和工程预算等内容。现以建筑专业的设计内容为例,介绍如下:

①总平面:

a.图纸目录:应先列新绘制的图纸,后列选用的标准图和重复利用图;

b.设计说明:说明本图的坐标、高程系统等,一般分别写在有关的图纸上。当重复利用某工程的施工图纸及其说明时,应详细说明其编制单位、工程名称、设计编号和编制日期,列出其主要的技术经济指标表;

c.总平面图:保留的地形、地物;测量坐标网、坐标值;场地四界的测量坐标或定位尺寸,道路红线、建筑红线或用地界线;四周的原有道路及规划道路的位置及主要建筑物、构筑物的位置、名称、层数;拟建广场、停车场、运动场、道路、无障碍设施、排水沟、挡土墙、护坡的定位尺寸;指北针或风玫瑰图;注明施工图设计的依据、尺寸单位、比例、坐标及高程系统、补充图例等;

d.竖向布置图:场地测量坐标网、坐标值;场地四邻的道路、水面、地面的关键性标高;建筑物、构筑物的名称或编号,室内外地面设计标高;广场、停车场、运动场地的设计标高;道路与排水沟的起点、变坡点、转折点和终点的设计标高;纵坡度、纵坡距、关键性坐标;用坡向箭头或等高线表明地面坡向;

e.土方图:场地四界的施工坐标;设计的建筑物、构筑物的位置;20 m×20 m 或 40 m×40 m 方格网及其定位,各方格点的原地面标高、设计标高、填挖高度、填区和挖区的分界线,各方格土方量,总土方量;土方工程平衡表;

　　f.管道综合图:总平面布置;场地四界的施工坐标、道路红线及建筑红线或用地界线的位置;管线平面布置;场外管线接入点的位置;管线密集地段的断面图;

　　g.绿化及建筑小品布置图:总平面布置;绿地(含水面)、人行步道及硬质铺地的定位;建筑小品位置(坐标或定位尺寸)、设计标高、详图索引;

　　h.详图:道路横断面、路面结构、挡土墙、护坡、排水沟、池壁、广场、运动场地、活动场地、停车场地面的详图等。

　　②建筑:

　　a.图纸目录:应先列新绘制的图纸,后列选用的标准图和重复利用图。

　　b.施工图设计说明:

　　● 本工程施工图设计的依据文件、批文和相关规范;

　　● 项目概况:项目名称、建设地点、建设单位、建筑面积、建设基底面积、建筑工程等级、设计使用年限、建筑层数和建筑高度、防火设计建筑分类和耐火等级、人防工程防护等级、屋面防水等级、地下室防水等级、抗震设防烈度等,以及能反映建筑规模的主要技术经济指标;

　　● 设计标高:本工程相对标高与总图绝对标高的关系;

　　● 用料说明和室内外装修;

　　● 对采用新技术、新材料的做法说明及对特殊建筑造型和建筑构造的说明;

　　● 门窗表;

　　● 幕墙工程及特殊屋面工程的性能及制作要求;

　　● 电梯(自动扶梯)的选择及性能说明;

　　● 墙体及楼板预留孔洞的封堵方式说明;

　　● 其他需要说明的问题。

　　c.设计图纸:

　　● 平面图:承重墙、柱及其定位轴线和轴线编号,内外门窗位置;轴线总尺寸、轴线间尺寸、门窗洞口尺寸、分段尺寸;墙身厚度,扶壁柱宽、深尺寸,以及其与轴线关系的尺寸;变形缝位置、尺寸及做法索引;主要建筑设备和固定家具的位置及相关做法索引;电梯、自动扶梯、楼梯(爬梯)位置和楼梯上下方向示意和编号索引,主要的结构和建筑构造部件的位置、尺寸和做法索引,如中庭、天窗、地沟、地坑、重要设备或设备基座的位置尺寸、各种平台、夹层、人孔、阳台、雨篷、台阶、坡道、散水、明沟等;墙体及楼地面的预留孔洞和通风管道、管线竖井、烟囱、垃圾道等位置、尺寸和做法索引;室外地面标高、底层地面标高、各楼层标高、地下室各层标高;屋顶平面。

　　● 立面图:立面外轮廓及主要结构和建筑构造部件的位置,如女儿墙顶、檐口、柱、变形缝、室外楼梯和垂直爬梯、室外空调机搁板、阳台、栏杆、台阶、坡道、花台、雨篷、烟囱、勒脚、门窗、幕墙、洞口、门头、落雨管,其他的装饰构件、线脚和粉刷分格线等,以及关键性控制标高的标注,如屋面或女儿墙的标高等;外墙的留洞应注尺寸与标高。

　　● 剖面图:剖面应剖在层高、层数不同,内外空间比较复杂的部位,图中应准确、清楚地标示出剖到或看到的各相关部分的内容,并应表示剖切到或可见的主要结构和建筑构造部件,如室外地面、底层地(楼)面、地坑、地沟、各层楼板、夹层、平台、吊顶、屋架、屋顶、出屋顶烟囱、天窗、挡风板、檐口、女儿墙、爬梯、台阶、坡道、散水、天台、阳台、雨篷、洞口及其他装修等可见的内容。高度尺寸、外部尺寸:门窗洞口高度、层间高度、室内外高差、女儿墙高度、总高度等外部尺寸,地坑(沟)深度,隔断、内窗、洞等内部尺寸。标高:主要结构和建筑构造部件的标高,如地面、楼面(含地下室)、平台、吊顶、屋面板、檐口、女儿墙顶、高出屋面的建筑物、构筑物及其他屋面特殊构件等的标高,室外的地面标高;节点构造详图索引。

●详图:内外墙节点、楼梯、电梯、厨房、卫生间等局部平面放大图和构造详图;室内外装饰方面的构造、线脚、图案等;特殊的或非标准门、窗、幕墙等应有的构造详图;其他凡在平面图、立面图、剖面图或文字说明中无法交代或交代不清楚的建筑构配件和建筑构造。

③其他专业。其他专业包括结构、建筑电气、给水排水、采暖通风与空气调节、热能动力、概算等。

(3)施工图设计文件编制原则

①施工图设计文件应满足设备材料采购、非标准设备制作和施工的需要。对于将项目分别发包给几个设计单位或实施设计分包的情况,设计文件相互关联的深度应当满足各承包或分包单位设计的需要。

②因地制宜地正确选用国家、行业和地方建筑标准设计。

③能据此施工图设计文件进行施工、制作、安装,编制施工图预算和进行工程验收。

④对于一般工业建筑(房屋部分)工程的设计,设计文件编制深度尚应符合有关行业标准的规定。

⑤当设计合同对设计文件编制深度另有要求时,设计文件编制深度应符合设计合同的要求。

5)施工图审查

施工图设计文件审查是指国务院建设行政主管部门和省、自治区、直辖市和人民政府建设行政主管部门依法认定的设计审查机构,根据国家的法律、法规、技术标准与规范,对施工图进行结构安全和强制性标准、规范执行情况等进行的独立审查。它是政府主管部门对建筑工程勘察设计质量监督管理的重要环节,是基本建设必不可少的程序,工程建设各方必须认真贯彻执行。

建设工程质量和效益与社会公共利益、公民生命财产安全紧密相连,监察工程质量是政府不可推卸的职责。而工程设计是整个工程建设的灵魂,对建设工程质量起着至关重要的作用,因此,世界上的主要发达国家和地区都有工程设计施工图审查制度,这是保证工程质量的必要条件。

《建设工程质量管理条例》规定:"建设单位应当将施工图设计文件报县级以上人民政府建设行政主管部门或者其他有关部门审查……县级以上人民政府建设行政主管部门或者交通、水利等有关部门应对施工图设计文件中涉及公共利益、公众安全、工程建设强制性标准的内容进行审查。未经审查批准的施工图设计文件,不得使用。"根据这些法律规定,原建设部于2013年颁布《房屋建筑和市政基础设施工程施工图设计文件审查管理办法》,对相关事项作出了具体规定。

(1)施工图审查的范围和内容

《建设工程施工图设计文件审查暂行办法》规定,凡属建筑工程设计等级分级标准中的各类新建、改建、扩建的建设工程项目,均需进行施工图审查。各地的具体审查范围,由省、自治区、直辖市人民政府建设行政主管部门确定。

《建设工程施工图设计文件审查暂行办法》规定,施工图审查的主要内容为:

①建筑物的稳定性与安全性,包括地基基础及结构主体的安全。

②是否符合消防、节能、环保、抗震、卫生、人防等有关强制标准。

③是否达到规定的施工图设计深度要求。

④是否损害公共利益。

施工图审查的目的是维护社会公共利益,保护社会公众的生命财产安全。因此,施工图审查主要涉及社会公众利益、公众安全方面的问题。至于设计方案在经济上是否合理、技术上是否保守、设计方案是否可以改进等,这些主要属于涉及业主利益的问题,不属于施工图审查的范围。当然,在施工图审查中如发现这方面的问题,也可提出建议,由业主自行决定是否进行修改。如业主另行委托,也可进行这方面的审查。

(2)施工图审查机构

施工图审查的专业性和技术性都非常强,一般的政府工作人员难以完成,所以必须由政府主管部门审定批准的专门机构来承担,它是具有独立法人资格的公益性中介组织。《建设工程施工图设计文件审查暂行办法》规定,符合下列条件的机构方可承担施工图审查工作:

①具有独立法人资格。

②具有符合设计审查条件的工程技术人员,不同级别的审查单位有不同的人员配备要求。

③有固定的工作场所,注册资金不少于 20 万元。

④有健全的技术管理和质量保证体系。

⑤审查人员应熟练掌握国家和地方现行的强制性标准、规范。

凡符合上述条件的直辖市、计划单列市、省会城市的设计审查机构,由省、自治区、直辖市建设行政主管部门初审后,报国务院建设行政主管部门审批,并颁发施工图设计审查许可证;其他城市的设计审查机构由省级建设行政主管部门审批,并颁发施工图设计审查许可证。取得施工图设计审查许可证的机构,方可承担审查工作。

设计审查人员必须具备的条件为:

①具有 10 年以上结构设计工作经验,独立完成过 5 项二级以上(含二级)工程设计。

②获准注册的一级注册结构工程师,并具有高级工程师职称。

③年满 35 周岁并不超过 65 周岁。

④有独立工作能力,并有一定语言文字表达能力。

⑤有良好的职业道德。

(3)施工图审查程序

设计单位在施工图完成后,建设单位应将施工图连同该项目批准立项的文件或初步设计批准文件及主要的初步设计文件一起报送建设行政主管部门,由建设行政主管部门委托有关审查机构进行审查。

施工图审查是建设程序的审批环节,而非业主的市场行为。所以,在现阶段由业主向有审批权的政府主管部门报批,再由主管部门交由审查机构审查,而不能由业主自行委托审查机构审查。

(4)施工图审查的要求

①审查机构在审查结束后,应向建设行政主管部门提交书面的项目施工图审查报告,报告应由审查人员签字、审查机构盖章。

②对于审查合格的项目,主管机构收到审查报告后,应及时向建设单位通报审查结果,并颁发施工图审查批准书;审查不合格的项目,由审查机构提出书面意见,将施工图退回建设单位,交由原设计单位修改后,重新报送。

③机构在收到审查材料后,一般项目应在 20 个工作日内,特级、一级项目应在 30 个工作日内完成审查工作,并提出工作报告。重大及技术复杂的项目可适当延长。

④施工图一经审查批准,不得擅自进行修改。如遇特殊情况需要进行涉及审查主要内容的修改时,必须重新报请原审批部门委托审查机构审查,并经批准后方能实施。

⑤施工图审查所需经费,由施工图审查机构向建设单位收取。

建设单位或设计单位对审查机构作出的审查报告存在重大分歧意见时,可由建设单位或设计单位向所在省、自治区、直辖市人民政府建设行政主管部门提出复查申请,主管部门组织专家论证并作出复查结果。

(5)施工图审查各方的责任

①设计单位的责任。设计单位及设计人必须对自己的勘察设计文件质量负责,这是《建设工程质量管理条例》《建设工程勘察设计管理条例》等明确规定的,也是国际通行的规则。审查机构的审查只是一种监督行为,它只承担间接的审查责任,其直接责任仍由设计单位及个人承担。如因设计质量存在问题而造成损失,业主只能向设计单位和设计人员追究,审查机构和审查人员在法律上并不承担赔偿责任。

②审查机构的责任。审查机构和审查人员对设计质量问题的失察,被视为失职行为,审查机构和审查人员必须直接承担失职责任。依据具体事实和相关情节,这些责任可分为经济责任、行政责任和刑事责任。

③政府主管部门的责任。依据相关法律规定,政府各级建设行政主管部门在施工图审查中享有行政审批权,主要负责行政监督管理和程序性审批工作,它对设计文件的质量不承担直接责任,但对其审批工作的质量负有不可推卸的责任,这个责任具体表现为行政责任和刑事责任。

6)成果修改

设计文件是工程建设的主要依据,经批准后,就具有一定的严肃性,建设单位、施工单位、监理单位不得任意修改建设工程设计文件。

确需修改建设工程设计文件的,应当由原工程设计单位修改,或经原工程设计单位书面同意,建设单位委托其他具有相应资质的建设工程设计单位修改。修改单位对修改的设计文件应承担相应责任。

施工单位、监理单位发现建设工程设计文件不符合工程建设强制性标准、合同约定质量要求的,应当报告建设单位,建设单位有权要求建设工程设计单位对建设工程设计文件进行补充、修改。

建设工程勘察、设计文件内容需要做涉及计划任务书的重大修改时,如建设规模、产品方案、建设地点、主要协作关系等方面的修改,建设单位应当报经原审批机关批准后方可修改。

5.3.4 建设项目报批报建

1)报批报建的含义

建设项目报批报建是指建设单位或个人在进行工程建设过程中依法向城乡规划管理部

门提出申请,由城市管理部门依据法律法规和依法制定的城乡规划,对建设用地和建设项目进行审核,并颁发规划建设许可的过程。

2)报批报建的主要内容

"一书两证"的申请和发放是建设项目报批报建工作的核心。建设项目审核许可的整个流程中,规划管理部门是其中的关键环节,同时其他行政管理部门(土地、环保、计划等部门)也发挥着至关重要的作用。

(1)建设项目选址许可

城乡规划主管部门根据城乡规划及有关法律法规对于按照国家规定需要、有关部门进行批准或核准、以划拨方式取得国有土地使用权的建设项目,进行确认或选择,保证建设项目能够符合城乡规划的布局安排,对于符合城乡规划的项目选址,颁发《建设项目选址意见书》。

①申请与受理。建设单位向城乡规划管理部门提出核发建设项目选址意见书的书面申请,申请需要提供一系列材料,具体材料清单根据各地规定各有不同,一般包括:

a.建设项目选址意见书申请表;

b.地形图(一般为 1∶500 或 1∶1 000);

c.批准的建设项目建议书或其他有关计划文件;

d.土地、房产权属证件(原址改建或扩大用地的项目);

e.土地使用相关证明(使用其他单位土地);

f.规划选址论证报告(大、中型建设项目);

g.因建设项目的特殊性需要提交的其他相关材料(如处于历史风貌保护区或风景名胜区内);

h.法律、法规、规章规定的其他材料。

根据相关规定与申请单位提供的资料决定是否受理规划选址意见书申请,对于依法不需要规划选址审批的,告知其不予受理;对于材料不齐全或不符合法定形式的,告知其进行补正。

②公告与听证。

a.法律、法规、规章应当听证的事项,或者城乡规划主管部门认为需要听证的涉及公共利益的重大建设项目选址,应当向社会公告,并举行听证会;

b.直接涉及申请人与他人之间重大利益关系的,在作出选址意见以前,应当告知申请人、利害关系人享有要求听证的权利;申请人、利害关系人在被告知听证权利之日起 5 日内提出申请的,城乡规划主管部门在 20 日内组织听证会。听证笔录应当作为选址决定的重要依据。

③审核。根据城乡规划主管部门内部审核与决定的程序进行。

a.程序性审核。即审核申请人是否符合法定资格,申请事项是否符合法定程序和法定形式,申请所附图纸、资料是否完备等;

b.实质性审核。根据有关部门法律法规和依法制定的城乡规划所申请的选址提出审核意见。

④决定与公开。城乡规划管理部门应在规定的时限内,对选址申请给予答复,包括以下几种情况:

a.对于符合城乡规划选址的,应当颁发建设项目选址意见书;

b.对于不符合城乡规划选址,应当说明理由,给予书面答复;

c.对于重大项目选址应按要求作出选址比较论证后,重新申请建设项目选址意见书。

（2）建设用地规划许可

城乡规划行政主管部门根据法律规范及依法制定的城乡规划,确定建设用地定点、位置和范围,审核建设工程总平面,提供土地使用规划条件,并核发《建设用地规划许可证》。

①申请与受理。申请一般需要提供以下材料:

a.建设用地规划许可证申请表;

b.建设项目承诺书;

c.地形图(一般为 1∶500 或 1∶1 000);

d.可行性研究报告批准文件或建设项目核准文件;

e.《建设项目选址意见书》的通知及附图或《国有土地使用权出让(转让)合同》文本及附图;

f.《建设工程设计方案》决定书及附图;

g.因建设项目的特殊性需要提交的其他材料。

根据相关规定与申请单位提供的资料决定是否受理用地规划许可申请,对于依法不需要用地规划许可的,告知其不予受理;对于材料不齐全或不符合法定形式的,告知其进行补正。

②公告与听证。

a.法律、法规、规章应当听证的事项,或者城乡规划主管部门认为需要听证的涉及公共利益的重大建设项目选址,应当向社会公告,并举行听证会;

b.直接涉及申请人与他人之间重大利益关系的,在作出选址意见以前,应当告知申请人、利害关系人享有要求听证的权利;申请人、利害关系人在被告知听证权利之日起 5 日内提出申请的,城乡规划主管部门在 20 日内组织听证会。听证笔录应当作为选址决定的重要依据。

③审核。城乡规划管理部门确定建设用地范围,审核规划设计方案,核定规划设计条件(包括地块面积、土地使用性质、容积率、建筑密度、建筑高度等)。

④决定与公开。经城乡规划管理部门审核同意的向建设单位核发《建设用地规划许可证》及其附件。不予同意的应告知申请单位享有依法申请行政复议或者提起行政诉讼的权利。

3）建设工程规划许可

城乡规划行政主管部门根据法律法规和依法制定的城乡规划,对各类建设工程进行组织、控制、引导和协调,使其纳入城乡规划的轨道的行政许可。《建设工程规划许可证》是建设工程符合规划要求的法律凭证,是建设单位向建设行政主管部门申请施工许可证的前提。

①申请。申请人必须先向城乡规划管理部门提出书面申请,或者通过城乡规划公众信息网以电子邮件等方式提出申请,并说明申请规划许可证的理由。并按照城乡规划管理部门的规定,填写申请表格,附送有关文件、图纸、资料。

②审核。城乡规划主管部门收到建设单位或个人的规划许可申请后,应在法定期限内对申请人的申请及所附材料、图纸进行审核。建筑工程规划许可的审核内容包括:

a.建筑使用性质;

b.建筑的容积率、建筑密度和高度;

c.建筑间距;

d.建筑退让;

e.无障碍设施;

f.建筑基底内其他相关要素(绿地率、主要出入口、停车泊位、交通组织、基地标高等);

g.有关的建筑外部空间环境(建筑体量、造型、立面、色彩等);

h.综合有关专业管理部门的意见;

i.临时建设的控制。

③颁发。对于符合条件的规划许可证的申请,城乡规划管理部门予以审核批准,并在法定期限内颁发《建设工程规划许可证》;经审核认为不合格并决定不予许可的,应当说明理由,并给予书面答复。

5.4 工程实施阶段

工程实施阶段是将工程建设项目的蓝图实现为固定资产的过程,主要包括施工准备、组织施工和竣工验收3个环节。建设项目投产后评价是指工程竣工投产、生产经营一段时间后,对项目进行系统评价的一种技术经济活动,是工程建设程序的最后一个环节。

5.4.1 施工准备

对于工程建设项目的施工而言,施工准备是项目施工前由建设单位进行的一项重要工作。建设单位应适时组成专门机构做好施工准备工作,确保项目的顺利进行。

由于工程施工涉及的影响因素多,过程复杂,因此建设单位在接到施工图后,必须做好细致的施工准备工作。施工准备包括技术、物资方面的准备以及取得开工许可证等方面的内容,具体施工准备工作包括:

1)招收和培训施工人员

首先是招收项目运营过程中所需要的人员,并采用多种方式进行培训。特别要组织施工人员参加设备的安装、调试和工程验收工作,使其能尽快掌握生产技术和工艺流程。

2)组织准备

组织准备主要是熟悉、审查图纸,编制施工组织设计,包括生产管理机构设置、管理制度和有关规定的制订、生产人员配备等;以及向下属单位进行计划、技术、质量、安全、经济责任的交底,下达施工任务书。

3)技术准备

技术准备主要包括国内装置设计资料的汇总,有关国外技术资料的翻译、编辑,各种生产方案、岗位操作法的编制以及新技术的准备等。

4)物资准备

物资准备主要包括落实原材料、协作产品、燃料、水、电、气等的来源和其他需协作配合的条件,并组织工装、器具、备品、备件等的制造或订货。

5)建设单位取得开工许可证

当建设单位已经办好该工程用地批准手续,拆迁进度满足施工要求,施工企业已确定有满足施工需求的施工图纸和技术资料,有保证工程质量和安全的具体措施,且建设资金已经落实并且满足有关法律、法规规定的其他条件时,方可按国家有关规定向工程所在地县级以上人民政府建设行政主管部门申请领取施工许可证。

5.4.2 组织施工

工程准备工作就绪,由建设单位与施工单位共同提出开工报告,按初步设计申报权限报批,经批准后就可以开工了。

组织施工是工程项目建设的实施阶段,施工单位应按照建筑安装承包合同规定的权利、义务来进行施工。施工单位应按照施工图进行施工,如需变动,应取得设计单位的同意。施工安装单位应按照施工安装顺序合理组织施工安装,施工安装过程中要严格遵守设计要求和施工安装验收规范操作标准,保证工程质量。

在组织施工阶段,设计人员需要进行施工配合工作,通常包括施工前向建设、施工、监理等单位进行设计技术交底;解决施工过程中出现的问题,配合工程洽商或修改、补充图纸内容;参加隐蔽工程或局部工程的验收。

1)设计技术交底

技术交底是在工程开工前,由相关专业技术人员向参与施工的人员进行的技术性交代,其目的是使施工人员对工程特点、技术质量要求、施工方法与措施和安全等方面有一个较详细的了解,以便于科学地组织施工,避免技术质量等事故的发生。各项技术交底记录也是工程技术档案资料中不可缺少的部分,内容包括:

①介绍建筑类别、面积、工程等级、层数、层高、室内外高差等工程概况。

②介绍结构基本情况,如地基、结构形式、特种结构、抗震设防烈度等。

③介绍总平面设计情况,如地形、地物、场地、建筑物及用地界限坐标、竖向、场地内各种设施(道路、铺地、绿化等)的布置。

④介绍建筑物功能,如平面、立面、剖面设计的简要说明,功能分区,特殊要求,防火设计,人防,地下室防水等。

⑤说明室内外装修及用料。

⑥说明需另行委托设计的复杂装修、幕墙等工程的情况。

⑦说明采用新技术、新材料及特殊建筑构造之处。

⑧选用电梯等建筑设备的简要说明。

⑨门窗、节能、无障碍设计等其他需要说明的问题。

⑩吊顶、楼面垫层、管井、设备间等与其他专业密切相关的部位的说明。

⑪建筑艺术、美观、造型等方面需要交代清楚的问题。

2)施工现场配合

为更好地保障施工进度,满足设计意图,对复杂的、重要的工程或外地工程,设计单位常派遣进驻工程现场的各专业代表,随时配合解决施工中出现的与设计相关的问题。

对于不需要派遣驻工地设计代表的工程,设计单位也需根据需要,及时主动去现场配合施工,主要工作有:

①参与处理施工单位和监理单位提出的有关施工质量,施工困难而导致的设计变更和工

程洽商等工作。

②参与处理由于设计方的功能调整、使用标准变化、用料及设备选型的更改等所导致的设计变更、图纸修改的工作。

③处理设计错误、疏漏等原因造成的施工困难,并及时作出设计变更、修改图纸。

④及时参加场外工程、隐蔽工程、结构主体工程、管线系统安装等分部工程的验收工作,认真对照原设计文件及标准规范,检查存在的问题,提出整改意见及做好工程洽商等记录。待全面满足要求后,由专业负责人或设计总负责人在验收记录单中签字。

施工现场配合中所做的过程洽商、设计变更、补充修改图纸等文件按施工图设计程序来完成,凡涉及多个专业者,应由设计总负责人签发;仅涉及本专业者由该专业负责人签发。上述配合施工时所产生的所有设计文件都需要整理归档。

5.4.3 竣工验收

当工程项目按设计文件的规定内容和施工图纸的要求全部建完后,便可组织验收。竣工验收是工程建设过程的最后一环,是投资成果转入生产或使用的标志,也是全面考核基本建设成果、检验设计和工程质量的重要步骤。竣工验收对促进建设项目及时投产,发挥投资效益及总结建设经验,都有重要的作用。通过竣工验收,可以检查建设项目的实际形成生产能力或效益,也可避免项目建成后继续消耗建设费用。

设计人员需参加竣工验收,检查是否满足设计文件相关标准的要求,对不满足之处提出修改意见。

1)竣工验收的条件

交付竣工验收的工程,必须具备下列条件:

①完成建筑工程设计和合同约定的各项内容。

②有完整的技术档案和施工管理材料。

③有工程使用的主要建筑材料、建筑构配件和设备的进场试验报告。

④有勘察、设计、施工、工程监理等单位分别签署的质量合格文件。

⑤有施工单位签署的工程保修书。

2)竣工验收的依据

竣工验收的依据是已经批准的可行性研究报告,初步设计和扩大初步设计,施工图和设备技术说明书,现行施工技术验收的规范,以及主管部门发布的有关审批、修改、调整的文件等。具体应包括:

①上级主管部门有关项目竣工验收的文件和规定。

②施工承包合同。

③已批准的设计文件(施工图纸、设计说明书、设计变更、洽商记录等)。

④各种设备的技术说明书。

⑤国家和部门颁发的施工规范、质量标准、验收规范等。

⑥建筑安装工程统计规定。

⑦有关的协作配合协议书。

3) 工程竣工验收程序(图5.4)

验收准备工作流程　　　　　　　　　　　工程竣工验收工作流程

1.施工单位自检评定
　　单位工程完工后，由施工单位对工程进行质量检查，确认符合设计文件及合同要求后，填写《工程验收报告》，并经项目经理和施工单位负责人签字。

2.监理单位提交《工程质量评估报告》
　　监理单位收到《工程验收报告》后，应全面审查施工单位的验收资料，整理监理资料，对工程进行质量评估，提交《工程质量评估报告》，该报告应经总监及监理单位负责人审核、签字。

3.勘察、设计单位提出《质量检查报告》
　　勘察、设计单位对勘察、设计文件及施工过程中由设计单位签署的设计变更通知书进行检查，并提出书面的《质量检查报告》，该报告应经项目负责人及单位负责人审核、签字。

4.建设（监理）单位组织初验
　　建设单位组织监理、设计、施工等单位对工程质量进行初步检查验收。各方对存在问题提出整改意见，施工单位整改完成后填写整改报告，监理单位及监督小组核实整改情况。初验合格后，由施工单位向建设单位提交《工程竣工报告》。

5.建设单位组成验收组、确定验收方案
　　建设单位收到《工程竣工报告》后，组织设计、施工、监理等单位有关人员成立验收组，验收组成员应有相应资格，工程规模较大或是较复杂的应编制验收方案。

6.施工单位提前7天将完整的工程技术资料交质监部门检查。

7.竣工验收
　　建设单位主持竣工验收会议，组织验收各方对工程质量进行检查。如有质量问题则提出整改意见。
　　监督部门监督人员到工地现场对工程竣工验收的组织形式、验收程序、执行验收标准等情况进行现场监督。

8.施工单位按验收意见进行整改
　　施工单位按照验收各方提出的整改意见及《责令整改通知书》进行整改，整改完毕后，写出《整改报告》，经建设、监理、设计、施工单位签字盖章确认后送质监站，对重要的整改内容，监督人员需参加复查。

9.对不合格工程， 按《建筑工程施工质量验收统一标准》和其他验收规范的要求整改完后，重新验收。

9.工程合格

10.验收备案
　　验收合格后5日内，监督机构将监督报告送县住建委。建设单位按有关规定报县住建委备案。

图5.4　建筑工程竣工验收程序

①工程完工后，施工单位向建设单位提交工程竣工报告，申请工程竣工验收。实行监理的工程，工程竣工报告还必须经总监理工程师签署（施工单位应在工程竣工前，通知质量监督部门对工程实体进行到位质量监督检查）。

②建设单位收到工程竣工报告后，对符合竣工验收要求的工程，组织勘察、设计、施工、监理等单位和其他有关方面的专家组成验收组，制订验收方案。

③建设单位应当在工程竣工验收7个工作日前将验收的时间、地点及验收组名单通知给负责监督该工程的工程监督机构。

④建设单位组织工程竣工验收，其内容包括：

a.建设、勘察、设计、施工、监理单位分别汇报工程合同履行情况和在建工程各个环节执行法律、法规和工程建设强制性标准的情况；

b.审阅建设、勘察、设计、施工、监理单位提供的工程档案资料；

c.实地查验工程质量；

d.对工程施工、设备安装质量和各管理环节等方面作出总体评价，形成工程竣工验收意见，验收人员签字。

⑤建设单位履行建设工程竣工验收备案手续，在工程竣工验收合格后的15日内到县级以上人民政府建设行政主管部门或其他有关部门备案。参与工程竣工验收的建设、勘察、设计、施工、监理等各方不能形成一致意见时，应报当地建设行政主管部门或监督机构进行协调，待意见一致后，重新组织工程竣工验收。

4）工程竣工验收备案

建设单位应当自工程竣工验收且经工程质量监督机构监督检查符合规定后15个工作日内到备案机关办理工程竣工验收备案。建设单位办理竣工工程备案手续应提供下列文件：

①竣工验收备案表。

②工程竣工验收报告。

③施工许可证。

④施工图设计文件审查意见。

⑤施工单位提交的工程竣工报告。

⑥监理单位提交的工程质量评估报告。

⑦勘察、设计单位提交的质量检查报告。

⑧由规划、公安消防、环保等部门出具的认可文件或准许使用文件。

⑨验收组人员签署的工程竣工验收意见。

⑩施工单位签署的工程质量保修书。

⑪单位工程质量验收汇总表。

⑫商品住宅还应当提交《住宅质量保证书》和《住宅使用说明书》。

⑬法律、法规、规章规定必须提供的其他文件。

5.5 项目运行阶段

项目后评价是工程项目竣工投产、生产运营一段时间后,再对项目的立项决策、设计施工、竣工投产、生产运营等全过程进行系统评价的一种技术经济活动。它是固定资产投资管理的一项重要内容,也是固定资产投资管理的最后一个环节。

项目后评价包括立项决策评价、设计施工评价、生产运营评价和建设效益评价。在实际工作中,可以根据建设项目的特点和工作需要而有所侧重。

1)建设项目后评价的作用

①有利于提高项目决策水平。

②有利于提高设计施工水平。

③有利于提高生产能力和经济效益。

④有利于提高引进技术和装备的成功率。

⑤有利于控制工程造价。

2)建设项目后评价的层次

①业主单位的自我评价。所有建设项目竣工投产运营一段时间以后,都应进行自我评价。

②行业(或地区)主管部门的评价。当收到业主单位报来的后评价报告后,首先要由行业(或地区)主管部门审查其后评价报告是否齐全、是否实事求是。

③各级计划部门的评价。收到项目业主单位和行业(或地区)业务主管部门报来的后评价报告后,各级计划部门应根据需要选择一些项目开展后评价复审工作。

3)项目后评价的基本内容

项目后评价的基本方法是对比法,就是将工程项目建成投产后所取得的实际效果、经济效益和社会效益、环境保护等情况与前期决策阶段的预测情况相对比,与项目建设前的情况相对比,从中发现问题,总结经验和教训。在实际工作中,往往从以下 3 个方面对建设项目进行后评价。

(1)项目目标后评价

项目目标后评价的任务是评定项目立项时各项预期目标的实现程度,并且要对项目原定决策目标的正确性、合理性和实践性进行分析评价。

(2)项目效益后评价

项目效益后评价即财务评价和经济评价,通过项目竣工投产后所产生的实际经济效益与可行性研究时所预测的经济效益相比较,对项目进行评价。对生产性建设项目要运用投产运营后的实际资料计算财务内部收益率、财务净现值、财务净现值率、投资利润率、投资利税率、贷款偿还期、国民经济内部收益率、经济净现值、经济净现值率等一系列后评价指标,然后与可行性研究阶段所预测的相应指标进行对比,从经济上分析项目投产运营后是否达到了预期效果。没有达到预期效果的,应分析原因,采取措施,提高经济效益。

（3）项目影响后评价

通过项目竣工投产（营运、使用）后对社会经济、政治、技术和环境等方面所产生的影响来评价项目决策的正确性。如果项目建成后达到了原来预期的效果，对国民经济发展、产业结构调整、生产力布局、人民生活水平的提高、环境保护等方面都带来有益的影响，说明该项目决策是正确的；如果背离了既定的决策目标，就应具体分析，找出原因，引以为戒。

（4）过程评价

对工程项目的立项决策、设计施工、竣工投产、生产运营等全过程进行系统分析，找出项目后评价与原预期效益之间的差异及其产生的原因，使项目后评价结论有根有据，同时针对问题提出解决办法。

（5）项目持续性后评价

项目持续性后评价是用于判定在项目的资金投入全部完成之后，项目的既定目标是否还能继续，项目是否可以持续地发展下去，项目业主是否可能依靠自己的力量独立继续去实现既定目标，项目是否具有可重复性，即是否可在将来以同样的方式建设同类项目。

（6）项目管理后评价

项目管理后评价是以项目目标和效益后评价为基础，结合其他相关资料，对项目整个生命周期中各阶段管理工作进行评价。

综上所述，通过建设项目后评价，可以达到肯定成绩、总结经验、研究问题、吸取教训、提出建议、改进工作、不断提高项目决策水平和投资效果的目的。

课后思考题

1.我国的基本建设程序主要包括哪几个阶段。
2.建设项目设计一般分为几个阶段？简述各阶段的主要工作内容。
3.简述建设项目报批报建的含义及其流程。

6

职业操守

西方哲学家但丁曾言："道德能填补智慧的缺陷，而智慧却永远不能填补道德的缺陷。"任何一个发展成熟的行业都会形成其特有的职业道德，它是评价从业人员职业行为善恶的标准，并对从业者有着特定约束力。

6.1　建筑师、城乡规划师职业道德的概况分析

纵观国内国外建筑师与城乡规划师，道德规范始终贯穿其申请、取得资格的整个执业过程。

6.1.1　国外建筑师、城乡规划师职业道德概况

（1）英国建筑师城乡规划师职业道德概况

在英国，以 CPD（Continuing Professional Development）制度为例，审查的 8 个关键 CPD 领域包括道德、技能、社会和经济，且职业道德作为决策实现过程中的基础，在复杂信息的收集、广泛利益相关的理解参与、政治过程的成功实施等方面发挥着重要作用。

在教育上，英国皇家城乡规划学会通过制定详细的城乡规划教育评估规范，指导高校城乡规划教育体系的建设。在 1991 年皇家学会通过的城乡规划教育评估大纲中，主要针对知识要素、技能要素、价值观念要素、专门化领域、规划院系的质量这五个方面进行评估。其中"价值观念要素"主要是对城乡规划教育中的职业道德教育体系进行评估。

（2）美国建筑师城乡规划师职业道德概况

在美国，注册城乡规划师学会职业道德委员会主席山卡赛先生曾言："工程伦理道德是贯穿城乡规划职业活动的所有领域和全部过程中的。制定《职业道德守则》一方面是对于城乡规划师的行为进行道德规范，另一方面也是向外界宣示城乡规划师的价值观是出于一种对城乡规划师职业保护的考虑。"美国加州伯克莱市规划局长巴勒特，在《实际工作中城乡规划师的日常职业道德》一书开篇讲道，"虽然并不期望城乡规划师成为全社会的最佳榜样，但是当一个职业的权威性和影响力上升时，公众对于该职业的期望也会上升。公众对城乡规划师的信任其实是把更多的责任加到城乡规划师的身上，他们期望城乡规划师成为具有无懈可击的职业行为的楷模"。

在城乡规划教育上，美国城乡规划学会和美国规划院校联合会从"知识""技能"与"价值观"三方面提出其培养标准。其中对城乡规划师的五大核心道德约束阐释为：城乡规划师的业务实践必须要体现社会公平、公正，为市民提供便利，对资源的使用要讲究效率；理解在民主社会中政府角色的定位，重视并保证公众参与；保持开放的态度，尊重不同意识形态的共存；保护自然资源，保护蕴藏在建筑环境中的重要社会文化遗产；遵守专业实践和专业行为中的工程伦理道德，包括城乡规划师与业主的关系，城乡规划师与民众的关系，注意在民主决策过程中市民参与的地位。

6.1.2 国内建筑师城乡规划师职业道德概况

追溯历史，中国建筑学会创立之初，其办会宗旨以及《公守诚约》的制定都足见对职业道德的重视。首先"联络感情，研究学术，互助营业，发展建筑职业，服务社会公益，补助市政改良"是其办会宗旨，再者《公守诚约》中提到"建筑师者应具纯洁之精神、高尚之道德、诚恳之毅力、灵敏之手腕、精美之艺术思想，方能不负社会之信仰、金银之委托。"

在国家政策上，《中国教育现代化 2035》提出了推进教育现代化的八大基本理念，"更加注重以德为先，更加注重全面发展，更加注重面向人人，更加注重终身学习，更加注重因材施教，更加注重知行合一，更加注重融合发展，更加注重共建共享。"明确了道德的核心地位，提升了思想水平、政治觉悟、道德品质、文化素养的重要性。《国家中长期教育改革和发展纲要（2010—2020）年》中，由教育部提出在高等教育阶段实施"卓越工程师教育培养计划"，新时代工程师的道德素质已成为卓越工程师的必备条件。中共中央发布的《关于统一规划体系更好发挥国家发展规划战略导向作用的意见》（中发〔2018〕44 号），提到规划对社会发展的引领作用，明确了规划的立法方向、各类规划间的关系和财政安排，编制规划要兼顾战略性、公共性、市场性。规划编制是党治国理政的方式，不是单纯逐利的市场行为。

在法律规范条文中，《中华人民共和国城乡规划法》中强调了城乡规划的公共政策属性，要求规划的制定和实施必须遵循城乡统筹、协调城乡空间布局、指导城乡统筹发展与建设、维护社会公平、保障公共安全和公众利益。以此决定了城乡规划师必须具有鲜明的价值标准和价值取向，同时也要求城乡规划师必须以公共利益作为自己职业道德的核心。《注册城乡规划师职业资格制度规定》中第八条，提到注册城乡规划师职业资格获取的先决条件是能够辨识和遵守国家法律法规，恪守职业道德。

6.2 我国建筑师、城乡规划师职业的道德内涵剖析

谈及职业,它是人们对社会承担一定职责所从事的专门化业务。而职业道德则是符合职业要求的心理意识、行为准则和行为规范的综合,其核心是职业责任和社会认可,融合了普适性道德准则、个体道德以及职业团体要约。三者相辅相成,联系紧密,以普适性道德准则为基本价值取向,以个体道德为推进因子,以职业团体的应然性规则为行业的实践基准面,共同推进建筑师、城乡规划师职业道德的日臻完善。

6.2.1 建筑师、城乡规划师职业道德内涵

自中国建筑学会创立之时,《公守诚约》曾提到建筑师的职业操守:"夫既受人委托则当本其平日之训练和精神从事周旋,对于委托人当取公正廉洁之态度,介于委托人与承造人之间则以不偏不倚为宗旨,对于同事同业应以指导互助为方针,对于公众之事业应放弃一切私利为表率。"具体表现在公众利益为先、行业认同、敬业守约这几个方面。

(1)公众利益为先

吴良镛先生曾言:"城乡规划属于政府行为,应当超出单一的工程学科的范畴,吸纳决策学、统筹学等学科理论来充实与完善其学科内涵。"城乡规划是一种政府行为,其决策本身不仅是法律赋予的行政权力,还是公众委托的公共权力。因此城乡规划不应以效率追逐,物质利益最大化为目标,而是应该以社会问题的解决为己任,从社会公平公正、公共利益的角度出发。正如《中华人民共和国城乡规划法》中强调的城乡规划的公共政策属性,维护社会公平、保障公共安全和公众利益。

反观建筑师,虽没有法规上的公共政策属性,但《公守诚约》曾言明建筑师的市政责任,"建筑师对于市政官员应具扶助之精神,设市政规条有何不妥之处,应陈述理由,主持更正,然在未更改以前仍须服从。其对于公众宜负道德上之责任,虽业主有特殊意见亦不能违背条例,以损公众之利益。"

(2)职业认同

职业认同不仅是从业者的自我认同,即从业群体自身对职业的认知,还囊括社会认同,即职业在民众观念中的反映。其中自我认同源于从业者以共同的行为准则来约束规范自身的职业行为,共同维护群体利益。而社会认同一方面源于职业群体自我认同基础之上所呈现的外部形象;另一方面,提供了职业群体生存发展的外部空间。如中国建筑学会章程强调从业者的职业道德和个人素质,强化从业群体的自我认同和行业自律,这是行业发展的基石,也是维护建筑师群体职业诚信的主要方式,更是获得社会认同的前提。

(3)敬业守信

《公守诚约》对建筑师职业活动做了相关规定,强调了建筑师"独立第三方"的职业定位,是业主的"顾问者"、开发商的"指导者"。一次建筑或规划活动,多是源于客户的委托,从业者以自身的专业化知识为其提供职业产品并得到委托人的认可。这期间敬业守信的契约精神必不可少,从业者作为专业技术人员和客户利益的代理人,需恪守职业本分,借助自律的行业协会和严格的准入制度,维护职业诚信。如美国土木工程师协会规定:"工程师应该作为诚

信的代理人或托管人,以敬业的态度为每一个雇主或客户服务,应该避免利益冲突。"与此同时,真才实学的职业技能也不可或缺。建筑师或城乡规划师对社会责任心的体现,不仅在守信的"软实力",还应有执业技能的"硬实力"。一方面,需要学习专业工作的理论知识;另一方面,需要加强专业实践工作的技能和经验。

6.2.2　建筑师、城乡规划师职业道德基本特征

（1）职业性

职业道德的内容与职业实践活动紧密相连,反映特定职业活动对从业人员行为的道德要求。每一种职业道德都只能规范本行业从业人员的职业行为,在特定的职业范围内发挥作用。

（2）继承性

在长期实践过程中形成的职业道德内容,会被作为经验和传统继承下来,即使在不同的社会经济发展阶段,同样一种职业因服务对象、服务手段、职业利益、职业责任和义务的变化而保持相对稳定,与职业行为有关的道德要求的核心内容将被继承和发扬,从而形成了被不同社会发展阶段普遍认同的职业道德规范。

（3）纪律性

纪律也是一种行业规范,但它是介于法律和道德之间的一种特殊的规范。它既要求人们能自觉遵守,又带有一定的强制性。它具有道德色彩,又带有一定的法律色彩。就是说,遵守纪律是一种美德;另一方面,遵守纪律又带有强制性,具有法令的要求。因此,职业道德有时又以制度、章程、条例的形式来表达,让从业人员认识到职业道德具有纪律的规范性。

6.3　建筑师、城乡规划师职业道德的行业实践

6.3.1　建筑师职业道德的行业实践

（1）遵纪守法、维护建筑师声誉

自觉遵守国家和行业的行为准则,自觉维护自己行业和职业身份的声誉,不允许他人以自己的名义从事执业活动;不得同时在两个或者两个以上单位受聘或者执业;不得涂改、倒卖、出租、出借或以其他形式非法转让资格证书、注册证书和执业印章;不得超出执业范围和聘用单位业务范围从事执业活动。

（2）讲求质量,重视安全

精心组织,严格把关,顾全大局,不为自身和小团体的利益而降低对工程质量的要求;加强劳动保护措施,对国家财产和施工人员的生命安全高度负责,不违章指挥,及时发现并坚决制止违章作业,检查和消除各类事故隐患;坚持文明施工,做到施工不扰民,作业不污染,现场规范有序。

（3）用户至上,诚信服务

树立用户至上的思想,事事处处为用户着想,积极采纳用户的合理要求和建议,热忱为用户服务,坚持保修回访制度,为用户排忧解难,维护企业的信誉;诚信可靠,要掌握并且提供全

部以及全面的信息,不得刻意隐瞒;对于委托人的商业秘密和技术秘密具有保密义务。

(4)加强学习,提高自身职业能力

对于自身职业能力有清醒的认识,接受继续教育,不断更新已有知识,只承担自己能够胜任的工作,不要企图承担超越自己能力范围的工作;重视技术创新和技术进步,积极推广新技术、新材料、新工艺的应用。

(5)廉洁自律

在执业过程中,严格按照合同的规定履行义务,不得索贿、受贿或者牟取合同约定费用以外的其他利益;不能利用自己的职务之便牟取私利,也不得为了谋求个人和企业利益而采取行贿或其他不法手段。

(6)尊重他人

尊重他人包括尊重他人本身以及尊重他人的劳动成果。不得对他人抱有偏见,不得故意或无意做出有损他人信誉的行为;尊重他人的劳动成果,在取得同意之前,不得擅自占有他人的劳动成果;保守在执业中知悉的国家秘密和他人的商业、技术等秘密。

(7)勇于承担责任

对自己的全部行为负责,勇于承担自己的责任。遇到问题时不能归咎于客观,推卸责任;不能歪曲事实证明自己的结论。

建筑师素质的高低直接影响工程项目建设的顺利运作,其执业行为直接关系到工程项目成败,因此要加强建筑师的职业操守教育,通过操守与法律的双重约束作用来规范建筑市场的主体行为,加强对建筑师的职业操守教育,使其充分意识到对国家、投资者和使用者的生命财产安全所肩负的责任,认识到不遵守执业操守带来的严重后果,才能有效地规范建筑师执业行为,促进建筑业的健康发展,促进社会经济的可持续发展。

6.3.2 城乡规划师职业道德的行业实践

城乡规划是一门综合性、实用性的交叉学科,具有重要的公共政策属性。城乡规划中涉及的决策问题在本质上往往是政治而非技术的。城乡规划师的重要职责之一,就是向权力讲述真理,为决策者提供咨询,维护社会公共利益,保护弱势群体,作出全局性、长远性和纲领性谋划。

因此,城乡规划师的职业操守有别于其他职业,全心全意为人民的生活环境和生活质量改善服务,是城乡规划师职业操守的核心和最高标准。一名合格的城乡规划师,不仅需要具有扎实的专业知识、强烈的事业心精神、过硬的综合协调能力,更重要的是要有高度的社会责任感。

(1)深刻认识中国城乡规划师的历史使命

不同于欧美等西方发达国家,中国的城乡规划事业所承担的历史使命要远远大于西方城乡规划承担的历史使命,近年来的国情变化日益凸显了这一点。西方国家自工业革命以来,已经高度城市化与工业化,主要通过规划解决城市空间的合理配置问题;而对于中国来说,城乡规划已经逐渐成为政府引导和调控发展的核心机制,未来城市如何发展、发展成什么样,从城市到乡村、再到区域或更大范围,从土地利用、产业战略、空间统筹、社会发展、体制创新等方面,城乡规划已承担起更大的责任。中国城乡规划师所面临的规划任务和难度,都是西方发达国家规划师所无法比拟的。

因此,深刻地认识到中国城乡规划事业的历史使命,不仅将极大地提高城乡规划师的职业荣誉感和责任感,而且会让城乡规划师以更大的热情、更认真地来对待城乡规划事业,进一步增强城乡规划师的自豪感。诚然,这是一个难得的历史性机遇,给予了城乡规划师更多的责任,当一个城乡规划师真正意识到规划的使命感,才会愿意并且乐意为"规划事业"付出心血和长期努力,"快乐地工作、快乐地生活"。

(2)树立正确的规划科学观和价值观

树立正确的规划科学观和价值观是作为一个城乡规划师所必须具备的。只有树立了正确的规划科学观和价值观,才能更好地创造社会价值和社会利益,维护人民群众的根本利益。

(3)根植深厚的人本情怀

人本情怀的核心,就是认为人是最重要的,以人为本、人人平等并享有美好的愿望,是和谐社会的基础。城乡规划师是城市灵魂的工程师和城市环境的美容师,是描绘美好城市发展蓝图的总设计师,决定着一个城市的思想、风格,关系着老百姓居住的环境和生活的质量。

因此,城乡规划师应真正理解并能建立起深厚的人本情怀,尽量做到客观、实际、公平、公正,避免主观臆断与盲目性。无论是大城市还是小乡村,城乡规划师都应给予真诚的关注(特别是弱势群体的公众利益),对可能存在的矛盾、冲突进行真正的综合平衡,全心全意为人民的生活环境和生活质量的改善而服务。

城乡规划事业要想健康地向前发展、更好地指导城市建设,必须要有职业操守守则和法律规范来共同约束城乡规划的思想和行为。所以,城镇化快速发展的今天,以城乡规划一级科学建设为背景,培养城市职业规划师良好的职业操守在当代城市建设过程中必不可少,规划师职业操守教育已具有连续性和终身化特征。作为一名合格的城乡规划师,除了扎实的专业知识、强烈的事业心精神、过硬的综合协调能力外,还更应该具有高度的社会责任感和服务于社会的意识。

6.4 建筑师、城乡规划职业道德的提升策略

作为建筑师、规划师职业道德孕育的摇篮之地,在高校教育上,优化教师队伍的职业道德素质首当其冲。专业教师基于对社会的责任感和培养学生对实际规划项目问题处理的意识和能力,需要在日常的教学课堂中对学生职业道德的养成产生潜移默化、润物无声的作用。各高校可引进工程经验丰富的从业人员助力实践教学与职业道德的具体运用,并优化相关学科的课程体系,从公共课、专业理论课、专业设计科与专业实习等多环节发力,帮助学生树立正确的职业方向,结合相关法律法规条例进行职业教育,发展"产学结合"的培养模式,接力"工匠精神",将职业道德教育融入其中,打造完整的闭环教育链。

作为职业群体的共同栖息地,行业团体协会占据着重要的一席之地。它是行业规则的制定者、解释者、促进者,更是从业者的保护伞。具体而言,一是团体协会应针对从业人员的行为,与时俱进地制定伦理准则,从而对从业者进行价值评判和道德制约。二是制定一套赏罚有节的职业应对规制,对于触犯者视其情节严重程度做出惩罚措施。三是根植信念理想,培养从业者的职业荣誉感,自觉维护职业信誉。

课后思考题

1.试简述建筑师和城乡规划师的职业道德内涵。

2.简述建筑师和城乡规划师职业道德的基本特征以及提升策略有哪些。

3.结合相关法律法规以及生活工作实际体验,谈一谈建筑师规划师职业道德的行业实践注意事项。

职业资格注册

7.1 注册建筑师

7.1.1 注册建筑师的定义

注册建筑师是指依法取得注册建筑师证书并从事房屋建筑设计及相关业务的人员。2014年10月23日,国务院令取消了注册建筑师的行政审批,由全国注册建筑师管理委员会负责其具体工作。

注册建筑师分为一级注册建筑师和二级注册建筑师。

7.1.2 注册建筑师管理制度

注册建筑师的考试、注册和执业,应当遵循《中华人民共和国注册建筑师条例》的内容。

①国家实行注册建筑师全国统一考试制度,注册建筑师全国统一考试办法,由国务院建设行政主管部门会同国务院人事行政主管部门及国务院其他有关行政主管部门共同制定,由全国注册建筑师管理委员会组织实施。

②注册建筑师实行注册执业管理制度。取得执业资格证书或者互认资格证书的人员,必须经过注册方可以注册建筑师的名义执业。

③注册建筑师执行业务,应当加入建筑设计单位。注册建筑师执行业务,由建筑设计单位统一接受委托并统一收费。

1994年9月,我国成立了全国注册建筑师管理委员会。1995年国务院颁布了《中华人民共和国注册建筑师条例》和《中华人民共和国注册建筑师条例实施细则》。国务院决定,取消和下放 58 项行政审批项目,其中包含参照美国注册建筑师管理委员会管理标准将中国注册建筑师的审批权授予中国建筑师管理委员会,进一步与国际接轨,更加便利于国际建筑师的互认工作。

7.1.3 资格考试

1) 报考条件

（1）符合下列条件之一的,可以申请参加一级注册建筑师考试

①取得建筑学硕士以上学位或者相近专业工学博士学位,并从事建筑设计或者相关业务 2 年以上的。

②取得建筑学学士学位或者相近专业工学硕士学位,并从事建筑设计或者相关业务 3 年以上的。

③具有建筑学专业大学本科毕业学历并从事建筑设计或者相关业务 5 年以上的,或者具有建筑学相近专业大学本科毕业学历并从事建筑设计或者相关业务 7 年以上的。

④取得高级工程师技术职称并从事建筑设计或者相关业务 3 年以上的,或者取得工程师技术职称并从事建筑设计或者相关业务 5 年以上的。

⑤不具有前四项规定的条件,但设计成绩突出,经全国注册建筑师管理委员会认定达到前四项规定的专业水平的。

（2）符合下列条件之一的,可以申请参加二级注册建筑师考试

①具有建筑学或者相近专业大学本科毕业以上学历,从事建筑设计或者相关业务 2 年以上的。

②具有建筑设计技术专业或者相近专业大学毕业以上学历,并从事建筑设计或者相关业务 3 年以上的。

③具有建筑设计技术专业 4 年制中专毕业学历,并从事建筑设计或者相关业务 5 年以上的。

④具有建筑设计技术相近专业中专毕业学历,并从事建筑设计或者相关业务 7 年以上的。

⑤取得助理工程师以上技术职称,并从事建筑设计或者相关业务 3 年以上的。

（3）专业报名条件（表 7.1）

表 7.1　全国一级注册建筑师资格考试专业报名条件

专业	学位或学历	从事建筑设计工作最少时间
建筑学 建筑设计技术 （原建筑设计）	建筑学硕士或以上毕业	2 年
	建筑学学士	3 年
	五年制工学士或毕业	5 年
	四年制工学士或毕业	7 年
	专科（三年制毕业）	9 年
	专科（二年制毕业）	10 年

续表

专业	学位或学历	从事建筑设计工作最少时间
城乡规划 建筑工程 房屋建筑工程 风景园林 建筑装饰技术 环境艺术	工学博士毕业	2 年
	工学硕士或研究生毕业	6 年
	五年制工学士或毕业	7 年
	四年制工学士或毕业	8 年
	专科（三年制毕业）	10 年
	专科（二年制毕业）	11 年
其他工科	工学硕士或研究生毕业	7 年
	五年制工学士或毕业	8 年
	四年制工学士或毕业	9 年

注：①根据《中华人民共和国注册建筑师条例实施细则》（建设部令第 167 号），本表专业中加入了"环境艺术"。

②不具备上表规定学历的申请报名考试人员应从事工程设计工作满 15 年且具备下列条件之一，可报名参加一级注册
建筑师考试：

a.作为项目负责人或专业负责人，完成民用建筑设计三级及以上项目 4 项全过程设计，其中二级以上项目不少于 1 项。

b.作为项目负责人或专业负责人，完成其他类型建筑设计中型及以上项目 4 项全过程设计，其中大型项目或特种建筑
项目不少于 1 项。

说明："民用建筑设计""其他类型建筑设计"等级的划分参见国家物价局、建设部关于发布《工程勘察设计收费管理规定》
的通知（计价格〔2002〕10 号）及《工程设计收费标准（2002 年修订本）》中的工程等级划分部分。

2）考试科目

（1）一级注册建筑师考试科目

①设计前期与场地设计（知识）。

②建筑设计（知识）。

③建筑结构。

④建筑物理与设备。

⑤建筑材料与构造。

⑥建筑经济、施工及设计业务管理。

⑦建筑方案设计（作图）。

⑧建筑技术设计（作图）。

⑨场地设计（作图）。

注：科目考试合格有效期为 8 年。

（2）二级建筑师执业资格考试科目

①场地与建筑设计（作图）。

②建筑构造与详图（作图）。

③建筑结构与设备。

④法律、法规、经济与施工。

注：科目考试合格有效期为 4 年。

3）证书颁发

经一级注册建筑师考试，在有效期内全部科目考试合格的，由全国注册建筑师管理委员会核发国务院建设主管部门和人事主管部门共同用印的一级注册建筑师执业资格证书。

经二级注册建筑师考试，在有效期内全部科目考试合格的，由省、自治区、直辖市注册建筑师管理委员会核发国务院建设主管部门和人事主管部门共同用印的二级注册建筑师执业资格证书。

自考试之日起，90 日内公布考试成绩；自考试成绩公布之日起，30 日内颁发执业资格证书。

4）注册建筑师的执业范围

注册建筑师的执业范围具体为：

①建筑设计。

②建筑设计技术咨询。

③建筑物调查与鉴定。

④对本人主持设计的项目进行施工指导和监督。

⑤国务院建设主管部门规定的其他业务。

一级注册建筑师的执业范围不受工程项目规模和工程复杂程度的限制。二级注册建筑师的执业范围只限于承担工程设计资质标准中建设项目设计规模划分表中规定的小型规模的项目。

7.1.4 国外注册情况

不同于技术职称，注册建筑师是一种执业资格，它是适应市场经济需要的人才评价和行业执业准入手段，是依据相应的法律、法规而建立，并通过考试评定具有必备的专业技术知识，才能进入行业执业的制度。各国的法律与工程管理体制不同，因此在采用执业资格和进行注册管理上存在着不同的做法。但是，许多国家在执业资格标准方面基本形成共识，即资格标准主要包括教育标准、职业实践训练标准和资格考试标准这 3 项，大致有以下几个方面的特点和做法：

①重视实践培训的要求，从学校毕业到参加资格考试都要经过一定时间的实践训练。例如，美国规定 3 年的实践训练期，英国规定要有 2 年的实践训练，并完成训练记录册的要求。

②资格一般采取考试的办法取得，如全美建筑师资格考试、全美职业工程师资格考试和英国学会会员第三部分考试等。申请在注册机构进行注册还要满足注册机构的其他要求（如补充测试等）。

③由注册机构实施注册管理。受理注册申请，收取注册费，建立并公布在册人员的注册簿，办理延续注册、变更注册，制订继续教育要求，对违反职业道德和违纪行为等进行查处，并根据规定进行注销注册。

④法律对注册人员的执业保护有两种基本做法：一种是法律对"注册人员称谓和执业实践"进行保护，即执业的市场准入制度；另一种是法律仅对"注册人员称谓"进行保护，即非注册人员不得使用"建筑师或工程师"称谓，而对执业实践不作必须是注册人员的规定，这两种做法都体现了专业技术人员注册的作用和社会对他们的认可。

⑤重视专业学历教育,并以教育标准为申请执业资格的先决条件。

专业技术人员取得注册或拥有"建筑师""职业工程师"等称号即表明他们已完成了大学专业教育、经过 2~3 年的实践训练,具有一定的工程经验,并已通过了资格考试,取得了执业资格证书,能够作为建筑师、职业工程师直接为公众和社会提供工程服务。

北美在建筑师、工程师注册方面的做法非常相近,它们都是采用全国统一标准,地方注册机构各自注册的做法。

7.2　注册城乡规划师

7.2.1　注册城乡规划师的定义

注册城乡规划师的前身是注册城市规划师(2017 年注册城市规划师更名为注册城乡规划师),是指通过全国统一考试,取得注册城乡规划师执业资格证书,并经注册登记后从事城乡规划业务工作的专业技术人员。

1999 年 4 月 7 日,国家开始实施城乡规划师执业资格制度,2000 年 2 月 23 日《注册城乡规划师执业资格考试实施办法》的颁发,确定了注册城乡规划师执业资格考试从 2000 年开始实施,原则上每年举行一次(一般安排在 10 月份);注册城乡规划师执业资格考试科目为:《城乡规划原理》《城乡规划管理法规》《城乡规划相关知识》和《城乡规划实务》;考试以 2 年为一个周期。2001 年 5 月 24 日,人事部办公厅、建设部办公厅下发了《关于注册城市规划师执业资格考试的报名条件补充规定的通知》(人办发〔2001〕38 号),对注册城乡规划师执业资格考试的报名条件、资格审查等作出了明确规定。

7.2.2　注册城乡规划师管理制度

注册城乡规划师的考试、注册和执业,应当遵循《注册城乡规划师职业资格制度规定》(2017)、《注册城乡规划师注册办法》(2020 年 7 月修订)的内容。

①注册城乡规划师职业资格实行全国统一大纲、统一命题、统一组织的考试制度。由国家住房城乡建设部负责拟定注册城乡规划师职业资格的考试科目、考试大纲,组织命审题工作,提出考试合格标准建议。人力资源社会保障部对考试工作进行指导、监督和检查。

②国家对注册城乡规划师职业资格实行注册执业管理制度。取得注册城乡规划师职业资格证书且从事城乡规划编制及相关工作的人员,经注册方可以注册城乡规划师的名义执业。

③住房城乡建设部及地方各级城乡规划行政主管部门依法对注册城乡规划师执业活动实施监管,由中国城市规划协会承担相关工作。

7.2.3　资格考试

1)报考条件

符合下列条件之一的,均可申请参加注册城乡规划师职业资格考试:

①取得城乡规划专业大学专科学历,从事城乡规划业务工作满 6 年。

②取得城乡规划专业大学本科学历或学位,或取得建筑学学士学位(专业学位),从事城

乡规划业务工作满 4 年。

③取得通过专业评估(认证)的城乡规划专业大学本科学历或学位,从事城乡规划业务工作满 3 年。

④取得城乡规划专业硕士学位,或取得建筑学硕士学位(专业学位),从事城乡规划业务工作满 2 年。

⑤取得通过专业评估(认证)的城乡规划专业硕士学位或城市规划硕士学位(专业学位),或取得城乡规划专业博士学位,从事城乡规划业务工作满 1 年。

⑥除上述规定的情形外,取得其他专业的相应学历或者学位的人员,从事城乡规划业务工作的年限相应增加 1 年。

2)考试科目

①城乡规划原理。

②城乡规划相关知识。

③城乡规划管理与法规。

④城乡规划实务。

3)证书颁发

注册城乡规划师职业资格考试合格者,由各省、自治区、直辖市人力资源社会保障行政主管部门,颁发人力资源社会保障部统一印制,人力资源社会保障部、住房城乡建设部共同用印的《中华人民共和国注册城乡规划师职业资格证书》。该证书在全国范围有效。

4)执业范围

注册城乡规划师的执业范围:

①城乡规划编制。

②城乡规划技术政策研究与咨询。

③城乡规划技术分析。

④住房城乡建设部规定的其他工作。

5)考试时间及合格标准

(1)科目及时间

城乡规划师注册全国统一考试一般在每年 8 月中下旬进行网上报名,考试一般安排在每年的 10 月下旬。考试分 4 个半天分别考完 4 个科目:《城乡规划原理》《城乡规划相关知识》《城乡规划管理与法规》和《城乡规划实务》。考试成绩实行 2 年为一个周期的滚动管理办法。即参加全部 4 个科目考试的人员必须在连续 2 个考试年度内通过应试科目,参加 2 个科目考试的人员,需在一个考试年度内通过应试科目,方能取得职业资格合格证书。

(2)合格标准

2012 年注册城乡规划师资格考试:各科目合格标准均为 60 分(各科目试卷满分均为 100 分)。

(3)发证

注册城乡规划师执业资格考试合格者,由各省、自治区、直辖市人事部门颁发人事部统一印制、人事部和建设部共同用印的中华人民共和国注册城乡规划师执业资格证书。需要注意的是：根据新修订的《中华人民共和国城乡规划法》和《国务院关于取消和调整一批行政审批项目等事项的决定》的要求，住房城乡建设部已取消注册城市规划师行政许可事项，从通知印发之日起废止《关于印发〈注册城市规划师注册登记办法〉的通知》。2021年1月12日，人社部对《国家职业资格目录（专业技术人员职业资格）》进行公示，其中原注册城乡规划师调整为"水平评价类"，更名为"国土空间规划师"。也就是说城乡规划师考试目前仅仅为专业技术水平评价类，而不是准入类，水平评价类只是作为个人能力的一项证明，不需要去主管部门注册，也没有继续教育要求。

7.2.4　免考条件

①在《暂行规定》下发之日（1999年4月7日）前，已受聘担任高级专业技术职务并具备下列条件之一者，也可免试《城乡规划原理》《城乡规划相关知识》这两个科目。

a.1987年以前（含1987年），取得城乡规划专业硕士学位，从事城乡规划工作满10年或取得相近专业硕士学位，从事城乡规划工作满12年。

b.1984年以前（含1984年），取得城乡规划专业大学本科学历，从事城乡规划工作满15年或取得相近专业大学本科学历，从事城乡规划工作满17年。

c.文件依据：人考中心函〔2002〕27号、人发〔1999〕39号、人发〔2000〕20号、人办发〔2001〕38号。

②1970年底前，取得城乡规划专业大专学历，从事城乡规划工作累计满15年；或非规划专业大专学历，从事城乡规划工作累计满20年。

③1970年底前，取得城乡规划专业中专学历，从事城乡规划工作累计满20年；或非规划专业中专学历，从事城乡规划工作累计满25年。

7.3　我国注册建筑师及注册城乡规划师制度相关问题

1）准入门槛

执业资格考试目前仍是成为执业建筑师、执业城乡规划师的唯一途径，是我们在设计岗位上继续前进的基础门槛。注册人员同时也是评价甲、乙、丙三级设计院资质标准之一。

（1）建筑设计院资质等级

建筑设计院资质分为甲、乙、丙三级。

①建筑甲级设计院。

a.从事建筑设计业务6年以上，独立承担过不少于5项工程等级为一级或特级的工程项目设计并已建成，无设计质量事故；

b.单位有较好的社会信誉并有相适应的经济实力，工商注册资本不少于100万元；

c.单位专职技术骨干中建筑、结构和其他专业人员各不少于8人、8人、10人；其中一级注册建筑师不少于3人，一级注册结构工程师不少于4人；

d.获得过近四届省级建设行政主管部门评优及以上级别评优的优秀建筑设计三等奖及以上奖项不少于 3 项,参加过国家或地方建筑工程设计标准、规范及标准设计图集的编制工作或行业的业务建设工作;

e.推行全面质量管理,有完善的质量保障体系,技术、经营、人事、财务、档案等管理制度健全;

f.达到国家建设行政主管部门规定的技术装备及应用水平的考核标准;

g.在固定的工作场所,建筑面积不少于专职技术骨干每人 15 平方米。

②建筑乙级设计院。

a.从事建筑设计业务 4 年以上,独立承担过不少于 3 项工程等级为二级及以上的工程项目设计并已建成,无设计质量事故;

b.单位有社会信誉以及相适应的经济实力,工商注册资本不少于 50 万元;

c.单位专职技术骨干中建筑、结构和其他专业人员各不少于 6 人、6 人、8 人;其中一级注册建筑师不少于 1 人,一级注册结构工程师不少于 2 人;

d.曾获得过市级建设行政主管部门评优及以上级别评优的优秀建筑设计三等奖及以上奖项不少于 2 项;

e.有健全的技术、质量、经营、人事、财务、档案等管理制度;

f.达到国家建设行政主管部门规定的技术装备及应用水平的考核标准;

g.有固定的工作场所,建筑面积不少于专职技术骨干每人 15 平方米。

③建筑丙级设计院。

a.从事建筑设计业务 3 年以上,独立承担过不少于 3 项工程等级为三级以上的工程项目设计并已建成,无设计质量事故;

b.单位有社会信誉以及必要的经营资本,工商注册资本不少于 20 万元;

c.单位专职技术骨干人数不少于 12 人;其中二级注册建筑师不少于 3 人(或一级注册建筑师不少于 1 人),二级注册结构工程师不少于 5 人(或一级注册结构工程师不少于 2 人);

d.有必要的技术、质量、经营、人事、财务、档案等管理制度;

e.计算机数量达到专职技术骨干人均一台,计算机施工图出日率不低于 85%;

f.有固定的工作场所,建筑面积不少于专职技术骨干每人 15 平方米。

(2)城乡规划编制单位资质等级

城乡规划编制单位资质分为甲、乙、丙三级。以下为规划设计院资质门槛:

①甲级城乡规划编制单位资质标准。

a.有法人资格;

b.注册资本金不少于 100 万元人民币;

c.专业技术人员不少于 40 人,其中具有城乡规划专业高级技术职称的不少于 4 人,具有其他专业高级技术职称的不少于 4 人(建筑、道路交通、给排水专业各不少于 1 人);具有城乡规划专业中级技术职称的不少于 8 人,具有其他专业中级技术职称的不少于 15 人;

d.注册规划师不少于 10 人;

e.具备符合业务要求的计算机图形输入输出设备及软件;

f.有 400 平方米以上的固定工作场所,以及完善的技术、质量、财务管理制度。

甲级城乡规划编制单位承担城乡规划编制业务的范围不受限制。

②乙级城乡规划编制单位资质标准。

a.有法人资格;

b.注册资本金不少于 50 万元人民币;

c.专业技术人员不少于 25 人,其中具有城乡规划专业高级技术职称的不少于 2 人,具有高级建筑师不少于 1 人、具有高级工程师不少于 1 人;具有城乡规划专业中级技术职称的从业人员不少于 5 人,具有其他专业中级技术职称的从业人员不少于 10 人;

d.注册规划师不少于 4 人;

e.具备符合业务要求的计算机图形输入输出设备;

f.有 200 平方米以上的固定工作场所,以及完善的技术、质量、财务管理制度。

乙级城乡规划编制单位可以在全国承担下列业务:镇、20 万现状人口以下的城市总体规划的编制;镇、登记注册所在地城市和 100 万现状人口以下城市相关专项规划的编制;详细规划的编制;乡、村庄规划的编制;建设工程项目规划选址的可行性研究。

③丙级城乡规划编制单位资质标准。

a.有法人资格;

b.注册资本金不少于 20 万元人民币;

c.专业技术人员不少于 15 人,其中具有城乡规划专业中级技术职称的从业人员不少于 2 人,具有其他专业中级技术职称的从业人员不少于 4 人;

d.注册规划师不少于 1 人;

e.专业技术人员配备计算机达 80%;

f.有 100 平方米以上的固定工作场所,以及完善的技术、质量、财务管理制度。

丙级城乡规划编制单位可以在全国承担下列业务:镇总体规划(县人民政府所在地镇除外)的编制;镇、登记注册所在地城市和 20 万现状人口以下城市的相关专项规划及控制性详细规划的编制;修建性详细规划的编制;乡、村庄规划的编制;中、小型建设工程项目规划选址的可行性研究。

2)责任与权利

①注册建筑师采用质量终身追责机制。建筑工程项目引入终身追责机制,即在工程设计使用年限内,项目建设、勘察、设计、施工、监理这五方主体将承担相应的质量终身责任。开工前,五方负责人(注册建筑师为设计方负责人)必须签署质量终身责任承诺书,工程竣工后设置永久性标牌,写明参建单位和项目负责人姓名,一旦出现问题,哪怕项目负责人已经离职或退休,也都将被追责。

②注册城乡规划师在执业活动中,须对所签字的城乡规划编制成果中图件、文本的图文一致、标准规范的落实等负责,并承担相应责任。《中华人民共和国城乡规划法》要求编制的城镇体系规划、城市规划、镇规划、乡规划和村庄规划的成果应有注册城乡规划师的签字。

3)考试与晋级

经过 2015 年和 2016 年的停考,一级和二级注册建筑师资格考试将于 2017 年 5 月举行,其考试大纲、科目及成绩有效期等保持不变,暂停考试的年份不计入成绩的有效期。注册城乡规划师目前未确定考试时间。

4)行业监督

行业监管就是在公开、公平、公正的原则下,通过督查、检查、抽查、巡查和审核审计等方法,从实体和程序两方面对进入行业的事业体和事件进行监督管理,以保证行业的管理目标得以实现。

5)考试大纲

在备考时,首先应通读中国考试网上的考试大纲,了解大纲的要求,哪些内容是要求了解、理解、掌握和重点掌握的;其次是精读教材,特别是关键字、词、句和相关规范;最后做习题以熟悉题型。

具体考试大纲见附录2014年一级注册建筑师考试大纲,注册城乡规划师执业资格考试大纲。

课后思考题

1.简述注册建筑师考试有哪些规定。

2.简述注册规划师考试有哪些规定。

3.与同学一同讨论甲级建筑设计院的标准有哪些。

4.讨论甲级城乡规划编制单位的标准有哪些。

附　录

附录1　建筑业从业人员职业操守规范

建筑业从业人员职业道德规范(试行)

(97)建建综字第 33 号

各省、自治区、直辖区市建委(建设厅),各计划单列市建委,国务院有关部门建设司:

为进一步加强建筑业社会主义精神文明建设,提高全行业的整体素质,树立良好的行业形象,我们组织起草了《建筑业从业人员职业道德规范(试行)》,现印发你们。请结合本地区、本部门、本单位的实际,认真贯彻执行,并将执行中的情况及时通告我们,以进一步完善《建筑业从业人员职业道德规范》。

一、建筑业监督管理人员职业道德规范

(一)工程质量监督人员职业道德规范

1.遵纪守法,秉公办事。认真贯彻执行国家有关工程质量监督管理的方针、政策和法规,依法监督,秉公办事,树立良好的信誉和职业形象。

2.敬业爱岗,严格监督。不断提高政治思想水平和业务素质,严格按照有关技术标准规范实行监督,严格按照标准核定工程质量等级。

3.提高效率,热情服务。严格履行工作程序,提高办事效率,监督工作及时到位,做到急事快办,热情服务。

4.公正严明,接受监督。公开办事程序,接受社会监督、群众监督和上级主管部门监督,提高质量监督、检测工作的透明度,保证监督、检测结果的公正性、准确性。

5.严格自律,不谋私利。严格执行监督、检测人员《工作守则》,不在建筑业企业和监理企业中兼职,不利用工作之便介绍工程进行有偿咨询活动,自觉抵制不正之风,不以权谋私,不徇私舞弊。

(二)工程招标投标管理人员职业道德规范

1.遵纪守法,秉公办事。认真贯彻执行国家的有关方针、政策和法规,在招标投标各个环节都要依法管理、依法监督,自觉抵制各种干扰,保证招标投标工作的公开、公平、公正。

2.敬业爱岗,优质服务。树立敬业精神,以服务带管理,以服务促管理,寓管理于服务之中。

3.解放思想,实事求是。积极探索在社会主义市场经济条件下工程招标投标的管理,努力发挥优胜劣汰竞争机制的作用,维护建筑市场秩序。

4.接受监督,保守秘密。公开办事程序,公开办事结果,接受社会监督、群众监督及上级主管部门的监督,不准泄露标底,维护建筑市场各方的合法权益。

5.廉洁奉公,不谋私利。不以权谋私,不吃宴请,不收礼金,不指定投标队伍,不准泄露标底,不准自编自审,不参加有妨碍公务的各种活动,不做有损于政府形象的事情。

(三)建筑施工安全监督人员的职业道德规范

1.依法监督,坚持原则。树立全心全意为人民服务的宗旨,广泛宣传和坚决贯彻"安全第一,预防为主"的方针,认真执行有关安全生产的法律、法规、标准和规范。

2.敬业爱岗,忠于职守。安全监督人员要树立敬业精神,以做好本职工作为荣,以减少伤亡事故为本,开拓思路,克服困难,大胆管理。

3.实事求是,调查研究。坚持实事求是的思想路线,理论联系实际,深入基层,深入施工现场调查研究,提出安全生产工作的改进措施和意见,保障广大职工群众的安全和健康。

4.努力钻研,提高水平。认真学习安全专业技术知识,努力钻研业务,不断积累和丰富工作经验,努力提高业务素质和工作水平,推动安全生产技术工作的不断发展和完善。

5.廉洁奉公,接受监督。遵纪守法,秉公办事,不利用职权谋私利,自觉抵制消极腐败思想的侵蚀,接受群众和上级主管部门的监督。

二、建筑业企业职工的职业道德规范

(一)遵纪守法,诚信经营

1.遵纪守法,诚信经营。认真执行国家的有关法规和政策,坚持社会主义经营方向,服务用户,坚持质量第一,塑造良好的企业形象。

2.解放思想,改革创新。坚持解放思想,实事求是的思想路线,大胆改革,务实创新,不断完善现代企业制度,转换企业经营机制,推进企业发展,增强企业在建筑市场上的竞争能力。

3.精心组织,科学管理。加强企业经营活动的组织管理,不断完善企业内部管理体制,抓好企业内部管理工作,使之制度化、标准化、科学化,向管理挖潜力,向管理要效益。

4.清正廉洁,公正无私。密切联系群众,办事公道正派,对工作敢于负责,不推过揽功,严于律己,以身作则,率先垂范。

5.坚持原则,求真务实。牢固树立法治观念、政策观念,坚持原则,严格把关,做遵纪守法的带头人,指导和支持职能部门依法经营和开展工作,不弄虚作假,不欺上瞒下,培养、选拔、使用干部要出于公心,不搞亲疏有别,排斥异己。

6.关心职工,尊重人才。做好职工的思想政治工作,关心职工的身心健康和安全,尽心尽力为职工排忧解难,搞好后勤服务工作。遵守《中华人民共和国劳动法》,不强迫职工超负荷工作和生产,尊重知识,尊重人才,努力提高企业的科学技术水平,推动企业生产力的提高。

（二）项目经理的职业道德规范

1.强化管理,争创效益。对项目的人财物进行科学管理,加强成本核算,实行成本否决,教育全体人员节约开支,厉行节约,精打细算,努力降低物资和人工的消耗。

2.讲求质量,重视安全。精心组织,严格把关,顾全大局,不为自身和小团体的利益而降低对工程质量的要求。加强劳动保护措施,对国家财产和施工人员的生命安全高度负责,不违章指挥,及时发现并坚决制止违章作业,检查和消除各类事故隐患。

3.关心职工,平等待人。要像关心家人一样关心职工,爱护职工,特别是民工。不拖欠工资,不敲诈勒索,不索要回扣,不多签或少签工程量或工资,充分尊重职工的人格,以诚相待,平等待人。搞好职工的生活,保障职工的身心健康。

4.廉洁奉公,不谋私利。发扬自觉,主动接受监督,不利用职务之便谋取私利,不用公款请客送礼。如实上报施工产值、利润、不弄虚作假。不在决算定案前搞分配,不搞分光吃光的短期行为。

5.用户至上,诚信服务。树立用户至上的思想,事事处处为用户着想,积极采纳用户的合理要求和建议,热情为用户服务,建设用户满意工程,坚持保修回访制度,为用户排忧解难,维护企业的信誉。

（三）工程技术人员的职业道德规范

1.热爱科技,献身事业。树立"科技是第一生产力"的观念,敬业爱岗,勤奋钻研,追求新知,掌握新技术、新工艺,不断更新业务知识,拓宽视野,忠于职守,辛勤劳动,为企业的振兴与发展贡献自己的才智。

2.深入实际,勇于攻关。深入基层,深入现场,将理论和实际相结合,科研和生产相结合,把施工生产中的难点作为工作重点,知难而进,百折不挠,不断解决施工生产中的技术难题,提高生产效率和经济效益。

3.一丝不苟,精益求精。牢固确立精心工作,求实认真的工作作风。施工中严格执行建筑技术规范,认真编制施工组织设计,做到技术上精益求精,工程质量上一丝不苟,为用户提供合格建筑产品,积极推广和运用新技术、新工艺、新材料、新设备,大力发展建筑高科技,不断提高建筑科学技术水平。

4.以身作则,培育新人。谦虚谨慎,尊重他人,善于合作共事,搞好团结协作,既当好科学技术带头人,又甘当铺路石,培育科技事业的接班人,大力做好施工科技知识在职工中的普及工作。

5.严谨求实,坚持真理。培养严谨求实,坚持真理的优良品德,在参与可行性研究时,坚持真理,实事求是,协助领导进行科学决策;在参与投标时,从企业实际出发,以合理造价和合理工期进行投标;在施工中,严格执行施工程序、技术规范、操作规程和质量安全标准,绝不弄虚作假,欺上瞒下。

（四）管理人员的职业道德规范

1.遵纪守法,为人表率。认真学习党的路线、方针、政策,自觉遵守法律、法规和企业的规章制度,办事公道,用语文明,以诚相待。

2.钻研业务,爱岗敬业。努力学习业务知识,精通本职业务,不断提高业务素质和工作能力。爱岗敬业,忠于职守,工作认真负责,不断提高工作效率和工作能力。

3.深入现场,服务基层。深入施工现场,调查研究,掌握第一手资料,积极主动为基层单位服务,为工程项目服务,急基层单位和工程项目之所急。

4.团结协作,互相配合。树立全局观念和整体意识,部门之间、岗位之间做到分工不分家,搞好团结协作,遇事多商量、多通气,互相配合,互相支持,不推诿、不扯皮,不搞本位主义。

5.廉洁奉公,不谋私利。树立全心全意为人民服务的公仆意识,廉洁奉公,不利用工作和职务之便吃拿卡要,谋取私利。

(五)施工作业人员的职业道德规范

1.苦练硬功,扎实工作。刻苦钻研技术,熟练掌握本工程的基本技能,努力学习和运用先进的施工方法,练就过硬本领,立志岗位成才。热爱本职工作,不怕苦、不怕累,认认真真,精心操作。

2.精心施工,确保质量。严格按照设计图纸和技术规范操作,坚持自检、互检、交接检制度,确保工程质量。

3.安全生产,文明施工。树立安全生产意识,严格执行安全操作规程,杜绝一切违章作业现象。维护施工现场整洁,不乱倒垃圾,做到工完场清。

4.争做文明职工,不断提高文化素质和道德修养。遵守各项规章制度,发扬劳动者的主人翁精神,维护国家利益和集体荣誉,服从上级领导和有关部门的管理,争做文明职工。

(六)后勤服务人员的职业道德规范

1.热爱本职,忠于职守。爱岗敬业,严格遵守岗位职责,尽心尽责搞好后勤服务工作。

2.面向职工,主动服务。树立公仆意识,积极主动地为职工服务,帮助职工解决实际困难,解除后顾之忧。

3.提高技能,讲求质量。努力学习岗位业务知识,工作一丝不苟,讲求工作和服务质量。

4.遵章守纪,礼貌待人。遵守各项规章制度,严格要求自己,坚持礼貌服务,注意仪表举止,用语文明,不说粗话。

三、建筑业职工文明守则("八要八不准")

(一)"八要"

要热爱祖国,敬业爱岗,忠于职守,振兴企业

要团结友爱,助人为乐,言语文明,自尊自重

要遵纪守法,维护公德,诚实守信,优质服务

要精心操作,严格规程,安全生产,保证质量

要尊师爱徒,勤学苦练,同心奋进,敢于争先

要讲究卫生,净化环境,文明施工,工完场清

要提倡节俭,勤俭持家,努力增产,厉行节约

要心想用户,礼貌待人,保护财产,爱护公物

(二)"八不准"

不准偷工减料,影响质量

不准违章作业,忽视安全

不准野蛮施工,噪声扰民

不准乱堆乱扔,影响质量

不准遗撒渣土,污染环境
不准乱写乱画,损坏环境
不准粗言秽语,打架斗殴
不准违反交规,妨碍秩序

中华人民共和国建设部建筑业司建设总精神文明建设办公室
一九九七年九月三日

颁布日期:1997 年 9 月 3 日
执行日期:1997 年 9 月 3 日

附录2　中华人民共和国注册建筑师条例

(1995 年 9 月 23 日中华人民共和国国务院令第 184 号发布　根据 2019 年 4 月 23 日《国务院关于修改部分行政法规的决定》修订)

第一章　总则

第一条　为了加强对注册建筑师的管理,提高建筑设计质量与水平,保障公民生命和财产安全,维护社会公共利益,制定本条例。

第二条　本条例所称注册建筑师,是指依法取得注册建筑师证书并从事房屋建筑设计及相关业务的人员。

注册建筑师分为一级注册建筑师和二级注册建筑师。

第三条　注册建筑师的考试、注册和执业,适用本条例。

第四条　国务院建设行政主管部门、人事行政主管部门和省、自治区、直辖市人民政府建设行政主管部门、人事行政主管部门依照本条例的规定对注册建筑师的考试、注册和执业实施指导和监督。

第五条　全国注册建筑师管理委员会和省、自治区、直辖市注册建筑师管理委员会,依照本条例的规定负责注册建筑师的考试和注册的具体工作。

全国注册建筑师管理委员会由国务院建设行政主管部门、人事行政主管部门、其他有关行政主管部门的代表和建筑设计专家组成。

省、自治区、直辖市注册建筑师管理委员会由省、自治区、直辖市建设行政主管部门、人事行政主管部门、其他有关行政主管部门的代表和建筑设计专家组成。

第六条　注册建筑师可以组建注册建筑师协会,维护会员的合法权益。

第二章　考试和注册

第七条　国家实行注册建筑师全国统一考试制度。注册建筑师全国统一考试办法,由国务院建设行政主管部门会同国务院人事行政主管部门和国务院其他有关行政主管部门共同制定,由全国注册建筑师管理委员会组织实施。

第八条　符合下列条件之一的,可以申请参加一级注册建筑师考试:

(一)取得建筑学硕士以上学位或者相近专业工学博士学位,并从事建筑设计或者相关业务 2 年以上的;

(二)取得建筑学学士学位或者相近专业工学硕士学位,并从事建筑设计或者相关业务 3 年以上的;

(三)具有建筑学专业大学本科毕业学历并从事建筑设计或者相关业务 5 年以上的,或者具有建筑学相近专业大学本科毕业学历并从事建筑设计或者相关业务 7 年以上的;

(四)取得高级工程师技术职称并从事建筑设计或者相关业务 3 年以上的,或者取得工程师技术职称并从事建筑设计或者相关业务 5 年以上的;

(五)不具有前四项规定的条件,但设计成绩突出,经全国注册建筑师管理委员会认定达到前四项规定的专业水平的。

前款第三项至第五项规定的人员应当取得学士学位。

第九条　符合下列条件之一的,可以申请参加二级注册建筑师考试:

(一)具有建筑学或者相近专业大学本科毕业以上学历,从事建筑设计或者相关业务2年以上的;

(二)具有建筑设计技术专业或者相近专业大专毕业以上学历,并从事建筑设计或者相关业务3年以上的;

(三)具有建筑设计技术专业4年制中专毕业学历,并从事建筑设计或者相关业务5年以上的;

(四)具有建筑设计技术相近专业中专毕业学历,并从事建筑设计或者相关业务7年以上的;

(五)取得助理工程师以上技术职称,并从事建筑设计或者相关业务3年以上的。

第十条　本条例施行前已取得高级、中级技术职称的建筑设计人员,经所在单位推荐,可以按照注册建筑师全国统一考试办法的规定,免予部分科目的考试。

第十一条　注册建筑师考试合格,取得相应的注册建筑师资格的,可以申请注册。

第十二条　一级注册建筑师的注册,由全国注册建筑师管理委员会负责;二级注册建筑师的注册,由省、自治区、直辖市注册建筑师管理委员会负责。

第十三条　有下列情形之一的,不予注册:

(一)不具有完全民事行为能力的;

(二)因受刑事处罚,自刑罚执行完毕之日起至申请注册之日止不满5年的;

(三)因在建筑设计或者相关业务中犯有错误受行政处罚或者撤职以上行政处分,自处罚、处分决定之日起至申请注册之日止不满2年的;

(四)受吊销注册建筑师证书的行政处罚,自处罚决定之日起至申请注册之日止不满5年的;

(五)有国务院规定不予注册的其他情形的。

第十四条　全国注册建筑师管理委员会和省、自治区、直辖市注册建筑师管理委员会依照本条例第十三条的规定,决定不予注册的,应当自决定之日起15日内书面通知申请人;申请人有异议的,可以自收到通知之日起15日内向国务院建设行政主管部门或者省、自治区、直辖市人民政府建设行政主管部门申请复议。

第十五条　全国注册建筑师管理委员会应当将准予注册的一级注册建筑师名单报国务院建设行政主管部门备案;省、自治区、直辖市注册建筑师管理委员会应当将准予注册的二级注册建筑师名单报省、自治区、直辖市人民政府建设行政主管部门备案。

国务院建设行政主管部门或者省、自治区、直辖市人民政府建设行政主管部门发现有关注册建筑师管理委员会的注册不符合本条例规定的,应当通知有关注册建筑师管理委员会撤销注册,收回注册建筑师证书。

第十六条　准予注册的申请人,分别由全国注册建筑师管理委员会和省、自治区、直辖市注册建筑师管理委员会核发由国务院建设行政主管部门统一制作的一级注册建筑师证书或者二级注册建筑师证书。

第十七条　注册建筑师注册的有效期为2年。有效期届满需要继续注册的,应当在期满前30日内办理注册手续。

第十八条　已取得注册建筑师证书的人员,除本条例第十五条第二款规定的情形外,注册后有下列情形之一的,由准予注册的全国注册建筑师管理委员会或者省、自治区、直辖市注册建筑师管理委员会撤销注册,收回注册建筑师证书:

(一)完全丧失民事行为能力的;

(二)受刑事处罚的;

(三)因在建筑设计或者相关业务中犯有错误,受到行政处罚或者撤职以上行政处分的;

(四)自行停止注册建筑师业务满2年的。

被撤销注册的当事人对撤销注册、收回注册建筑师证书有异议的,可以自接到撤销注册、收回注册建筑师证书的通知之日起15日内向国务院建设行政主管部门或者省、自治区、直辖市人民政府建设行政主管部门申请复议。

第十九条　被撤销注册的人员可以依照本条例的规定重新注册。

第三章　执业

第二十条　注册建筑师的执业范围:

(一)建筑设计;

(二)建筑设计技术咨询;

(三)建筑物调查与鉴定;

(四)对本人主持设计的项目进行施工指导和监督;

(五)国务院建设行政主管部门规定的其他业务。

第二十一条　注册建筑师执行业务,应当加入建筑设计单位。

建筑设计单位的资质等级及其业务范围,由国务院建设行政主管部门规定。

第二十二条　一级注册建筑师的执业范围不受建筑规模和工程复杂程度的限制。二级注册建筑师的执业范围不得超越国家规定的建筑规模和工程复杂程度。

第二十三条　注册建筑师执行业务,由建筑设计单位统一接受委托并统一收费。

第二十四条　因设计质量造成的经济损失,由建筑设计单位承担赔偿责任;建筑设计单位有权向签字的注册建筑师追偿。

第四章　权利和义务

第二十五条　注册建筑师有权以注册建筑师的名义执行注册建筑师业务。

非注册建筑师不得以注册建筑师的名义执行注册建筑师业务。二级注册建筑师不得以一级注册建筑师的名义执行业务,也不得超越国家规定的二级注册建筑师的执业范围执行业务。

第二十六条　国家规定的一定跨度、跨径和高度以上的房屋建筑,应当由注册建筑师进行设计。

第二十七条　任何单位和个人修改注册建筑师的设计图纸,应当征得该注册建筑师同意;但是,因特殊情况不能征得该注册建筑师同意的除外。

第二十八条　注册建筑师应当履行下列义务:

(一)遵守法律、法规和职业道德,维护社会公共利益;

(二)保证建筑设计的质量,并在其负责的设计图纸上签字;

(三)保守在执业中知悉的单位和个人的秘密;

(四)不得同时受聘于二个以上建筑设计单位执行业务;

（五）不得准许他人以本人名义执行业务。

第五章　法律责任

第二十九条　以不正当手段取得注册建筑师考试合格资格或者注册建筑师证书的，由全国注册建筑师管理委员会或者省、自治区、直辖市注册建筑师管理委员会取消考试合格资格或者吊销注册建筑师证书；对负有直接责任的主管人员和其他直接责任人员，依法给予行政处分。

第三十条　未经注册擅自以注册建筑师名义从事注册建筑师业务的，由县级以上人民政府建设行政主管部门责令停止违法活动，没收违法所得，并可以处以违法所得 5 倍以下的罚款；造成损失的，应当承担赔偿责任。

第三十一条　注册建筑师违反本条例规定，有下列行为之一的，由县级以上人民政府建设行政主管部门责令停止违法活动，没收违法所得，并可以处以违法所得 5 倍以下的罚款；情节严重的，可以责令停止执行业务或者由全国注册建筑师管理委员会或者省、自治区、直辖市注册建筑师管理委员会吊销注册建筑师证书：

（一）以个人名义承接注册建筑师业务、收取费用的；

（二）同时受聘于二个以上建筑设计单位执行业务的；

（三）在建筑设计或者相关业务中侵犯他人合法权益的；

（四）准许他人以本人名义执行业务的；

（五）二级注册建筑师以一级注册建筑师的名义执行业务或者超越国家规定的执业范围执行业务的。

第三十二条　因建筑设计质量不合格发生重大责任事故，造成重大损失的，对该建筑设计负有直接责任的注册建筑师，由县级以上人民政府建设行政主管部门责令停止执行业务；情节严重的，由全国注册建筑师管理委员会或者省、自治区、直辖市注册建筑师管理委员会吊销注册建筑师证书。

第三十三条　违反本条例规定，未经注册建筑师同意擅自修改其设计图纸的，由县级以上人民政府建设行政主管部门责令纠正；造成损失的，应当承担赔偿责任。

第三十四条　违反本条例规定，构成犯罪的，依法追究刑事责任。

第六章　附则

第三十五条　本条例所称建筑设计单位，包括专门从事建筑设计的工程设计单位和其他从事建筑设计的工程设计单位。

第三十六条　外国人申请参加中国注册建筑师全国统一考试和注册以及外国建筑师申请在中国境内执行注册建筑师业务，按照对等原则办理。

第三十七条　本条例自发布之日起施行。

附录3　中华人民共和国注册建筑师条例实施细则

（2008年1月29日中华人民共和国建设部令第167号公布　自2008年3月15日起施行）

第一章　总则

第一条　根据《中华人民共和国行政许可法》和《中华人民共和国注册建筑师条例》（以下简称《条例》），制定本细则。

第二条　中华人民共和国境内注册建筑师的考试、注册、执业、继续教育和监督管理，适用本细则。

第三条　注册建筑师，是指经考试、特许、考核认定取得中华人民共和国注册建筑师执业资格证书（以下简称执业资格证书），或者经资格互认方式取得建筑师互认资格证书（以下简称互认资格证书），并按照本细则注册，取得中华人民共和国注册建筑师注册证书（以下简称注册证书）和中华人民共和国注册建筑师执业印章（以下简称执业印章），从事建筑设计及相关业务活动的专业技术人员。

未取得注册证书和执业印章的人员，不得以注册建筑师的名义从事建筑设计及相关业务活动。

第四条　国务院建设主管部门、人事主管部门按职责分工对全国注册建筑师考试、注册、执业和继续教育实施指导和监督。

省、自治区、直辖市人民政府建设主管部门、人事主管部门按职责分工对本行政区域内注册建筑师考试、注册、执业和继续教育实施指导和监督。

第五条　全国注册建筑师管理委员会负责注册建筑师考试、一级注册建筑师注册、制定颁布注册建筑师有关标准以及相关国际交流等具体工作。

省、自治区、直辖市注册建筑师管理委员会负责本行政区域内注册建筑师考试、注册以及协助全国注册建筑师管理委员会选派专家等具体工作。

第六条　全国注册建筑师管理委员会委员由国务院建设主管部门商人事主管部门聘任。

全国注册建筑师管理委员会由国务院建设主管部门、人事主管部门、其他有关主管部门的代表和建筑设计专家组成，设主任委员一名、副主任委员若干名。全国注册建筑师管理委员会秘书处设在建设部执业资格注册中心。全国注册建筑师管理委员会秘书处承担全国注册建筑师管理委员会的日常工作职责，并承担相应的法律责任。

省、自治区、直辖市注册建筑师管理委员会由省、自治区、直辖市人民政府建设主管部门商同级人事主管部门参照本条第一款、第二款规定成立。

第二章　考试

第七条　注册建筑师考试分为一级注册建筑师考试和二级注册建筑师考试。注册建筑师考试实行全国统一考试，每年进行一次。遇特殊情况，经国务院建设主管部门和人事主管部门同意，可调整该年度考试次数。

注册建筑师考试由全国注册建筑师管理委员会统一部署，省、自治区、直辖市注册建筑师管理委员会组织实施。

第八条 一级注册建筑师考试内容包括:建筑设计前期工作、场地设计、建筑设计与表达、建筑结构、环境控制、建筑设备、建筑材料与构造、建筑经济、施工与设计业务管理、建筑法规等。上述内容分成若干科目进行考试。科目考试合格有效期为八年。

二级注册建筑师考试内容包括:场地设计、建筑设计与表达、建筑结构与设备、建筑法规、建筑经济与施工等。上述内容分成若干科目进行考试。科目考试合格有效期为四年。

第九条 《条例》第八条第(一)、(二)、(三)项,第九条第(一)项中所称相近专业,是指大学本科及以上建筑学的相近专业,包括城市规划、建筑工程和环境艺术等专业。

《条例》第九条第(二)项所称相近专业,是指大学专科建筑设计的相近专业,包括城乡规划、房屋建筑工程、风景园林、建筑装饰技术和环境艺术等专业。

《条例》第九条第(四)项所称相近专业,是指中等专科学校建筑设计技术的相近专业,包括工业与民用建筑、建筑装饰、城镇规划和村镇建设等专业。

《条例》第八条第(五)项所称设计成绩突出,是指获得国家或省部级优秀工程设计铜质或二等奖(建筑)及以上奖励。

第十条 申请参加注册建筑师考试者,可向省、自治区、直辖市注册建筑师管理委员会报名,经省、自治区、直辖市注册建筑师管理委员会审查,符合《条例》第八条或者第九条规定的,方可参加考试。

第十一条 经一级注册建筑师考试,在有效期内全部科目考试合格的,由全国注册建筑师管理委员会核发国务院建设主管部门和人事主管部门共同用印的一级注册建筑师执业资格证书。

经二级注册建筑师考试,在有效期内全部科目考试合格的,由省、自治区、直辖市注册建筑师管理委员会核发国务院建设主管部门和人事主管部门共同用印的二级注册建筑师执业资格证书。

自考试之日起,九十日内公布考试成绩;自考试成绩公布之日起,三十日内颁发执业资格证书。

第十二条 申请参加注册建筑师考试者,应当按规定向省、自治区、直辖市注册建筑师管理委员会交纳考务费和报名费。

第三章 注册

第十三条 注册建筑师实行注册执业管理制度。取得执业资格证书或者互认资格证书的人员,必须经过注册方可以注册建筑师的名义执业。

第十四条 取得一级注册建筑师资格证书并受聘于一个相关单位的人员,应当通过聘用单位向单位工商注册所在地的省、自治区、直辖市注册建筑师管理委员会提出申请;省、自治区、直辖市注册建筑师管理委员会受理后提出初审意见,并将初审意见和申请材料报全国注册建筑师管理委员会审批;符合条件的,由全国注册建筑师管理委员会颁发一级注册建筑师注册证书和执业印章。

第十五条 省、自治区、直辖市注册建筑师管理委员会在收到申请人申请一级注册建筑师注册的材料后,应当即时作出是否受理的决定,并向申请人出具书面凭证;申请材料不齐全或者不符合法定形式的,应当在五日内一次性告知申请人需要补正的全部内容。逾期不告知的,自收到申请材料之日起即为受理。

对申请初始注册的,省、自治区、直辖市注册建筑师管理委员会应当自受理申请之日起二十日内审查完毕,并将申请材料和初审意见报全国注册建筑师管理委员会。全国注册建筑师管理委员会应当自收到省、自治区、直辖市注册建筑师管理委员会上报材料之日起,二十日内审批完毕并作出书面决定。

审查结果由全国注册建筑师管理委员会予以公示,公示时间为十日,公示时间不计算在审批时间内。

全国注册建筑师管理委员会自作出审批决定之日起十日内,在公众媒体上公布审批结果。

对申请变更注册、延续注册的,省、自治区、直辖市注册建筑师管理委员会应当自受理申请之日起十日内审查完毕。全国注册建筑师管理委员会应当自收到省、自治区、直辖市注册建筑师管理委员会上报材料之日起,十五日内审批完毕并作出书面决定。

二级注册建筑师的注册办法由省、自治区、直辖市注册建筑师管理委员会依法制定。

第十六条 注册证书和执业印章是注册建筑师的执业凭证,由注册建筑师本人保管、使用。

注册建筑师由于办理延续注册、变更注册等原因,在领取新执业印章时,应当将原执业印章交回。

禁止涂改、倒卖、出租、出借或者以其他形式非法转让执业资格证书、互认资格证书、注册证书和执业印章。

第十七条 申请注册建筑师初始注册,应当具备以下条件:

(一)依法取得执业资格证书或者互认资格证书;

(二)只受聘于中华人民共和国境内的一个建设工程勘察、设计、施工、监理、招标代理、造价咨询、施工图审查、城乡规划编制等单位(以下简称聘用单位);

(三)近三年内在中华人民共和国境内从事建筑设计及相关业务一年以上;

(四)达到继续教育要求;

(五)没有本细则第二十一条所列的情形。

第十八条 初始注册者可以自执业资格证书签发之日起三年内提出申请。逾期未申请者,须符合继续教育的要求后方可申请初始注册。

初始注册需要提交下列材料:

(一)初始注册申请表;

(二)资格证书复印件;

(三)身份证明复印件;

(四)聘用单位资质证书副本复印件;

(五)与聘用单位签订的聘用劳动合同复印件;

(六)相应的业绩证明;

(七)逾期初始注册的,应当提交达到继续教育要求的证明材料。

第十九条 注册建筑师每一注册有效期为二年。注册建筑师注册有效期满需继续执业的,应在注册有效期届满三十日前,按照本细则第十五条规定的程序申请延续注册。延续注册有效期为二年。

延续注册需要提交下列材料:

(一)延续注册申请表;

（二）与聘用单位签订的聘用劳动合同复印件；

（三）注册期内达到继续教育要求的证明材料。

第二十条　注册建筑师变更执业单位，应当与原聘用单位解除劳动关系，并按照本细则第十五条规定的程序办理变更注册手续。变更注册后，仍延续原注册有效期。

原注册有效期届满在半年以内的，可以同时提出延续注册申请。准予延续的，注册有效期重新计算。

变更注册需要提交下列材料：

（一）变更注册申请表；

（二）新聘用单位资质证书副本的复印件；

（三）与新聘用单位签订的聘用劳动合同复印件；

（四）工作调动证明或者与原聘用单位解除聘用劳动合同的证明文件、劳动仲裁机构出具的解除劳动关系的仲裁文件、退休人员的退休证明复印件；

（五）在办理变更注册时提出延续注册申请的，还应当提交在本注册有效期内达到继续教育要求的证明材料。

第二十一条　申请人有下列情形之一的，不予注册：

（一）不具有完全民事行为能力的；

（二）申请在两个或者两个以上单位注册的；

（三）未达到注册建筑师继续教育要求的；

（四）因受刑事处罚，自刑事处罚执行完毕之日起至申请注册之日止不满五年的；

（五）因在建筑设计或者相关业务中犯有错误受行政处罚或者撤职以上行政处分，自处罚、处分决定之日起至申请之日止不满二年的；

（六）受吊销注册建筑师证书的行政处罚，自处罚决定之日起至申请注册之日止不满五年的；

（七）申请人的聘用单位不符合注册单位要求的；

（八）法律、法规规定不予注册的其他情形。

第二十二条　注册建筑师有下列情形之一的，其注册证书和执业印章失效：

（一）聘用单位破产的；

（二）聘用单位被吊销营业执照的；

（三）聘用单位相应资质证书被吊销或者撤回的；

（四）已与聘用单位解除聘用劳动关系的；

（五）注册有效期满且未延续注册的；

（六）死亡或者丧失民事行为能力的；

（七）其他导致注册失效的情形。

第二十三条　注册建筑师有下列情形之一的，由注册机关办理注销手续，收回注册证书和执业印章或公告注册证书和执业印章作废：

（一）有本细则第二十二条所列情形发生的；

（二）依法被撤销注册的；

（三）依法被吊销注册证书的；

（四）受刑事处罚的；

（五）法律、法规规定应当注销注册的其他情形。

注册建筑师有前款所列情形之一的,注册建筑师本人和聘用单位应当及时向注册机关提出注销注册申请;有关单位和个人有权向注册机关举报;县级以上地方人民政府建设主管部门或者有关部门应当及时告知注册机关。

第二十四条　被注销注册者或者不予注册者,重新具备注册条件的,可以按照本细则第十五条规定的程序重新申请注册。

第二十五条　高等学校(院)从事教学、科研并具有注册建筑师资格的人员,只能受聘于本校(院)所属建筑设计单位从事建筑设计,不得受聘于其他建筑设计单位。在受聘于本校(院)所属建筑设计单位工作期间,允许申请注册。获准注册的人员,在本校(院)所属建筑设计单位连续工作不得少于二年。具体办法由国务院建设主管部门商教育主管部门规定。

第二十六条　注册建筑师因遗失、污损注册证书或者执业印章,需要补办的,应当持在公众媒体上刊登的遗失声明的证明,或者污损的原注册证书和执业印章,向原注册机关申请补办。原注册机关应当在十日内办理完毕。

第四章　执业

第二十七条　取得资格证书的人员,应当受聘于中华人民共和国境内的一个建设工程勘察、设计、施工、监理、招标代理、造价咨询、施工图审查、城乡规划编制等单位,经注册后方可从事相应的执业活动。

从事建筑工程设计执业活动的,应当受聘并注册于中华人民共和国境内一个具有工程设计资质的单位。

第二十八条　注册建筑师的执业范围具体为:

（一）建筑设计;

（二）建筑设计技术咨询;

（三）建筑物调查与鉴定;

（四）对本人主持设计的项目进行施工指导和监督;

（五）国务院建设主管部门规定的其他业务。

本条第一款所称建筑设计技术咨询包括建筑工程技术咨询,建筑工程招标、采购咨询,建筑工程项目管理,建筑工程设计文件及施工图审查,工程质量评估,以及国务院建设主管部门规定的其他建筑技术咨询业务。

第二十九条　一级注册建筑师的执业范围不受工程项目规模和工程复杂程度的限制。二级注册建筑师的执业范围只限于承担工程设计资质标准中建设项目设计规模划分表中规定的小型规模的项目。

注册建筑师的执业范围不得超越其聘用单位的业务范围。注册建筑师的执业范围与其聘用单位的业务范围不符时,个人执业范围服从聘用单位的业务范围。

第三十条　注册建筑师所在单位承担民用建筑设计项目,应当由注册建筑师任工程项目设计主持人或设计总负责人;工业建筑设计项目,须由注册建筑师任工程项目建筑专业负责人。

第三十一条　凡属工程设计资质标准中建筑工程建设项目设计规模划分表规定的工程项目,在建筑工程设计的主要文件(图纸)中,须由主持该项设计的注册建筑师签字并加盖其执业印章,方为有效。否则设计审查部门不予审查,建设单位不得报建,施工单位不准施工。

第三十二条　修改经注册建筑师签字盖章的设计文件,应当由原注册建筑师进行;因特殊情况,原注册建筑师不能进行修改的,可以由设计单位的法人代表书面委托其他符合条件的注册建筑师修改,并签字、加盖执业印章,对修改部分承担责任。

第三十三条　注册建筑师从事执业活动,由聘用单位接受委托并统一收费。

第五章　继续教育

第三十四条　注册建筑师在每一注册有效期内应当达到全国注册建筑师管理委员会制定的继续教育标准。继续教育作为注册建筑师逾期初始注册、延续注册、重新申请注册的条件之一。

第三十五条　继续教育分为必修课和选修课,在每一注册有效期内各为四十学时。

第六章　监督检查

第三十六条　国务院建设主管部门对注册建筑师注册执业活动实施统一的监督管理。县级以上地方人民政府建设主管部门负责对本行政区域内的注册建筑师注册执业活动实施监督管理。

第三十七条　建设主管部门履行监督检查职责时,有权采取下列措施:

(一)要求被检查的注册建筑师提供资格证书、注册证书、执业印章、设计文件(图纸);

(二)进入注册建筑师聘用单位进行检查,查阅相关资料;

(三)纠正违反有关法律、法规和本细则及有关规范和标准的行为。

建设主管部门依法对注册建筑师进行监督检查时,应当将监督检查情况和处理结果予以记录,由监督检查人员签字后归档。

第三十八条　建设主管部门在实施监督检查时,应当有两名以上监督检查人员参加,并出示执法证件,不得妨碍注册建筑师正常的执业活动,不得谋取非法利益。

注册建筑师和其聘用单位对依法进行的监督检查应当协助与配合,不得拒绝或者阻挠。

第三十九条　注册建筑师及其聘用单位应当按照要求,向注册机关提供真实、准确、完整的注册建筑师信用档案信息。

注册建筑师信用档案应当包括注册建筑师的基本情况、业绩、良好行为、不良行为等内容。违法违规行为、被投诉举报处理、行政处罚等情况应当作为注册建筑师的不良行为记入其信用档案。

注册建筑师信用档案信息按照有关规定向社会公示。

第七章　法律责任

第四十条　隐瞒有关情况或者提供虚假材料申请注册的,注册机关不予受理,并由建设主管部门给予警告,申请人一年之内不得再次申请注册。

第四十一条　以欺骗、贿赂等不正当手段取得注册证书和执业印章的,由全国注册建筑师管理委员会或省、自治区、直辖市注册建筑师管理委员会撤销注册证书并收回执业印章,三年内不得再次申请注册,并由县级以上人民政府建设主管部门处以罚款。其中没有违法所得的,处以1万元以下罚款;有违法所得的处以违法所得3倍以下且不超过3万元的罚款。

第四十二条　违反本细则,未受聘并注册于中华人民共和国境内一个具有工程设计资质的单位,从事建筑工程设计执业活动的,由县级以上人民政府建设主管部门给予警告,责令停止违法活动,并可处以1万元以上3万元以下的罚款。

第四十三条　违反本细则,未办理变更注册而继续执业的,由县级以上人民政府建设主管部门责令限期改正;逾期未改正的,可处以 5 000 元以下的罚款。

第四十四条　违反本细则,涂改、倒卖、出租、出借或者以其他形式非法转让执业资格证书、互认资格证书、注册证书和执业印章的,由县级以上人民政府建设主管部门责令改正,其中没有违法所得的,处以 1 万元以下罚款;有违法所得的处以违法所得 3 倍以下且不超过 3 万元的罚款。

第四十五条　违反本细则,注册建筑师或者其聘用单位未按照要求提供注册建筑师信用档案信息的,由县级以上人民政府建设主管部门责令限期改正;逾期未改正的,可处以 1 000 元以上 1 万元以下的罚款。

第四十六条　聘用单位为申请人提供虚假注册材料的,由县级以上人民政府建设主管部门给予警告,责令限期改正;逾期未改正的,可处以 1 万元以上 3 万元以下的罚款。

第四十七条　有下列情形之一的,全国注册建筑师管理委员会或者省、自治区、直辖市注册建筑师管理委员可以撤销其注册:

(一)全国注册建筑师管理委员会或者省、自治区、直辖市注册建筑师管理委员的工作人员滥用职权、玩忽职守颁发注册证书和执业印章的;

(二)超越法定职权颁发注册证书和执业印章的;

(三)违反法定程序颁发注册证书和执业印章的;

(四)对不符合法定条件的申请人颁发注册证书和执业印章的;

(五)依法可以撤销注册的其他情形。

第四十八条　县级以上人民政府建设主管部门、人事主管部门及全国注册建筑师管理委员会或者省、自治区、直辖市注册建筑师管理委员的工作人员,在注册建筑师管理工作中,有下列情形之一的,依法给予处分;构成犯罪的,依法追究刑事责任:

(一)对不符合法定条件的申请人颁发执业资格证书、注册证书和执业印章的;

(二)对符合法定条件的申请人不予颁发执业资格证书、注册证书和执业印章的;

(三)对符合法定条件的申请不予受理或者未在法定期限内初审完毕的;

(四)利用职务上的便利,收受他人财物或者其他好处的;

(五)不依法履行监督管理职责,或者发现违法行为不予查处的。

第八章　附则

第四十九条　注册建筑师执业资格证书由国务院人事主管部门统一制作;一级注册建筑师注册证书、执业印章和互认资格证书由全国注册建筑师管理委员会统一制作;二级注册建筑师注册证书和执业印章由省、自治区、直辖市注册建筑师管理委员会统一制作。

第五十条　香港特别行政区、澳门特别行政区、台湾地区的专业技术人员按照国家有关规定和有关协议,报名参加全国统一考试和申请注册。

外籍专业技术人员参加全国统一考试按照对等原则办理;申请建筑师注册的,其所在国应当已与中华人民共和国签署双方建筑师对等注册协议。

第五十一条　本细则自 2008 年 3 月 15 日起施行。1996 年 7 月 1 日建设部颁布的《中华人民共和国注册建筑师条例实施细则》(建设部令第 52 号)同时废止。

附录4 注册城乡规划师职业资格制度规定（人社部规〔2017〕6号）

第一章 总则

第一条 为加强城乡规划师队伍建设，保障规划工作质量，维护国家、社会和公共利益，根据《中华人民共和国城乡规划法》和国家职业资格证书制度有关规定，制定本规定。

第二条 国家对注册城乡规划师实行准入类职业资格制度，纳入全国专业技术人员职业资格证书制度统一规划。

第三条 本规定所称的注册城乡规划师，是指通过全国统一考试取得注册城乡规划师职业资格证书，并依法注册后，从事城乡规划编制及相关工作的专业人员。

从事城乡规划实施、管理、研究工作的国家工作人员及相关人员，可以通过考试取得注册城乡规划师职业资格证书。

第四条 人力资源社会保障部、住房城乡建设部共同负责注册城乡规划师职业资格制度的政策制定，并按职责分工对制度的实施进行指导、监督和检查。

各省、自治区、直辖市人力资源社会保障行政主管部门和城乡规划行政主管部门，按照职责分工负责本行政区域内注册城乡规划师职业资格制度实施的监督管理。

第二章 考试

第五条 注册城乡规划师职业资格实行全国统一大纲、统一命题、统一组织的考试制度。原则上每年举行一次考试。

第六条 住房城乡建设部负责拟定注册城乡规划师职业资格考试科目、考试大纲，组织命审题工作，提出考试合格标准建议。

第七条 人力资源社会保障部组织专家审定考试科目和考试大纲，会同住房城乡建设部确定考试合格标准，并对考试工作进行指导、监督和检查。

第八条 凡中华人民共和国公民，遵守国家法律、法规，恪守职业道德，并符合下列条件之一的，均可申请参加注册城乡规划师职业资格考试：

（一）取得城乡规划专业大学专科学历，从事城乡规划业务工作满6年；

（二）取得城乡规划专业大学本科学历或学位，或取得建筑学学士学位（专业学位），从事城乡规划业务工作满4年；

（三）取得通过专业评估（认证）的城乡规划专业大学本科学历或学位，从事城乡规划业务工作满3年；

（四）取得城乡规划专业硕士学位，或取得建筑学硕士学位（专业学位），从事城乡规划业务工作满2年；

（五）取得通过专业评估（认证）的城乡规划专业硕士学位或城市规划硕士学位（专业学位），或取得城乡规划专业博士学位，从事城乡规划业务工作满1年。

除上述规定的情形外，取得其他专业的相应学历或者学位的人员，从事城乡规划业务工作年限相应增加1年。

第九条 注册城乡规划师职业资格考试合格，由各省、自治区、直辖市人力资源社会保障行政主管部门,颁发人力资源社会保障部统一印制,人力资源社会保障部、住房城乡建设部共同用印的《中华人民共和国注册城乡规划师职业资格证书》(以下简称注册城乡规划师职业资格证书)。该证书在全国范围有效。

第十条　对以不正当手段取得注册城乡规划师职业资格证书的,按照国家专业技术人员资格考试违纪违规行为处理规定进行处理。

第三章　注册

第十一条　国家对注册城乡规划师职业资格实行注册执业管理制度。取得注册城乡规划师职业资格证书且从事城乡规划编制及相关工作的人员,经注册方可以注册城乡规划师名义执业。

第十二条　中国城市规划协会负责注册城乡规划师注册及相关工作。

第十三条　申请注册的人员必须同时具备以下条件:

(一)遵纪守法,恪守职业道德和从业规范;

(二)取得注册城乡规划师职业资格证书;

(三)受聘于一家城乡规划编制机构;

(四)注册管理机构规定的其他条件。

第十四条　经批准注册的申请人,由中国城市规划协会核发该协会用印的《中华人民共和国注册城乡规划师注册证书》。

第十五条　以不正当手段取得注册证书的,由发证机构撤销其注册证书,3 年内不予重新注册;构成犯罪的,依法追究刑事责任。

出租出借注册证书的,由发证机构撤销其注册证书,不再予以重新注册;构成犯罪的,依法追究刑事责任。

第十六条　注册证书的每一注册有效期为 3 年。注册证书在有效期内是注册城乡规划师的执业凭证,由注册城乡规划师本人保管、使用。

第十七条　申请初始注册的,应当自取得注册城乡规划师职业资格证书之日起 3 年内提出申请。逾期申请初始注册的,应符合继续教育有关要求。

第十八条　中国城市规划协会应当及时向社会公告注册城乡规划师注册有关情况,并于每年年底将注册人员信息报住房城乡建设部备案。

第十九条　继续教育是注册城乡规划师延续注册、重新注册和逾期初始注册的必备条件。在每个注册有效期内,注册城乡规划师应当按照规定完成相应的继续教育。

第二十条　注册城乡规划师初始注册、延续注册、变更注册、重新注册、注销注册和不予注册等注册管理,以及继续教育的具体办法,由中国城市规划协会另行制定,并报住房城乡建设部备案。

第二十一条　住房城乡建设部及地方各级城乡规划行政主管部门发现注册城乡规划师违法违规行为的,或发现不能履行注册城乡规划师职责情形的,应通知中国城市规划协会,协会须依据有关规定进行处理,并将处理结果报住房城乡建设部备案。

第四章　执业

第二十二条　住房城乡建设部及地方各级城乡规划行政主管部门依法对注册城乡规划师执业活动实施监管。中国城市规划协会受住房城乡建设部委托,在职责范围内承担相关工作。

第二十三条　住房城乡建设部及地方各级城乡规划行政主管部门在注册城乡规划师执业活动监管工作中,可按权限查询、调取注册城乡规划师注册管理信息系统的相关数据,中国城市规划协会应予支持和配合。

第二十四条　注册城乡规划师的执业范围:

(一)城乡规划编制;

(二)城乡规划技术政策研究与咨询;

(三)城乡规划技术分析;

(四)住房城乡建设部规定的其他工作。

第二十五条　注册城乡规划师的执业能力:

(一)熟悉相关法律、法规及规章;

(二)熟悉我国城乡规划相关技术标准与规范体系,并能熟练运用;

(三)具有良好的与社会公众、相关管理部门沟通协调的能力;

(四)具有较强的科研和技术创新能力;

(五)了解国际相关标准和技术规范,及时掌握技术前沿发展动态。

第二十六条　《中华人民共和国城乡规划法》要求编制的城镇体系规划、城市规划、镇规划、乡规划和村庄规划的成果应有注册城乡规划师签字。

第二十七条　注册城乡规划师在执业活动中,须对所签字的城乡规划编制成果中的图件、文本的图文一致、标准规范的落实等负责,并承担相应责任。

第五章　权利和义务

第二十八条　注册城乡规划师享有下列权利:

(一)使用注册城乡规划师称谓;

(二)对违反相关法律、法规和技术规范的要求及决定提出劝告,并可在拒绝执行的同时向注册管理机构或者上级城乡规划主管部门报告;

(三)接受继续教育;

(四)获得与执业责任相应的劳动报酬;

(五)对侵犯本人权利的行为进行申诉;

(六)其他法定权利。

第二十九条　注册城乡规划师履行下列义务:

(一)遵守法律、法规和有关管理规定,恪守职业道德和从业规范;

(二)执行城乡规划相关法律、法规、规章及技术标准、规范;

(三)履行岗位职责,保证执业活动质量,并承担相应责任;

(四)不得同时受聘于两个或两个以上单位执业,不得允许他人以本人名义执业,严禁"证书挂靠";

(五)不断更新专业知识,提高技术能力;

(六)保守在工作中知悉的国家秘密和聘用单位的商业、技术秘密;

(七)协助城乡规划主管部门及注册管理机构开展相关工作。

第六章　附则

第三十条　对通过考试取得注册城乡规划师职业资格证书,且符合《工程技术人员职务试行条例》规定的工程师职务任职条件的人员,用人单位可根据工作需要聘任工程师技术职务。

第三十一条　城乡规划编制单位配备注册城乡规划师的数量、注册城乡规划师签字的文件种类、执业活动等的具体要求和管理办法，由住房城乡建设部另行规定。

第三十二条　本规定施行前，依据《人事部 建设部关于印发〈注册城市规划师执业资格制度暂行规定〉及〈注册城市规划师执业资格认定办法〉的通知》（人发〔1999〕39 号）等有关规定，取得的注册城市规划师执业资格证书，与按照本规定要求取得的注册城乡规划师职业资格证书的效用等同。

第三十三条　本规定自发布之日起施行。

附录5 注册城乡规划师职业资格考试实施办法（人社部规〔2017〕6号）

第一条 人力资源社会保障部、住房城乡建设部共同委托人力资源和社会保障部人事考试中心、住房和城乡建设部执业资格注册中心，承担注册城乡规划师职业资格考试考务等具体工作。

各省、自治区、直辖市人力资源社会保障行政主管部门和城乡规划行政主管部门共同负责本地区的考试工作，具体职责分工由各地协商确定。

第二条 受住房城乡建设部委托，住房和城乡建设部执业资格注册中心会同中国城市规划协会成立注册城乡规划师职业资格考试专家委员会，负责注册城乡规划师职业资格考试大纲编写、命题等工作。考试专家委员会章程报住房城乡建设部备案。

第三条 注册城乡规划师职业资格考试设《城乡规划原理》《城乡规划管理与法规》《城乡规划相关知识》和《城乡规划实务》4个科目。

第四条 注册城乡规划师职业资格考试分4个半天进行。《城乡规划实务》科目的考试时间为3小时，其他科目的考试时间均为2.5小时。

考试成绩实行4年为一个周期的滚动管理办法，在连续的4个考试年度内参加应试科目的考试并合格，方可取得注册城乡规划师资格证书。

第五条 通过全国统一考试取得一级注册建筑师资格证书并符合《注册城乡规划师职业资格制度规定》（以下简称《规定》）中注册城乡规划师职业资格考试报名条件的，可免试《城乡规划原理》和《城乡规划相关知识》科目，只参加《城乡规划管理与法规》和《城乡规划实务》2个科目的考试。

在连续的2个考试年度内参加上述科目考试并合格，可取得注册城乡规划师职业资格证书。

第六条 符合《规定》第八条第（五）项报名条件的，可免试《城乡规划原理》科目，只参加《城乡规划管理与法规》《城乡规划相关知识》和《城乡规划实务》3个科目的考试。

在连续的3个考试年度内参加上述科目考试并合格，可取得注册城乡规划师职业资格证书。

第七条 在教育部颁布《普通高等学校本科专业目录（2012年）》之前，高等学校颁发的"城市规划"专业大学本科学历或学位，与《规定》第八条的"城乡规划"专业大学本科学历或学位等同。

在国务院学位委员会、教育部颁布《学位授予和人才培养学科目录（2011年）》之前，高等学校颁发的"城市规划"或"城市规划与设计"专业的硕士、博士层次相应学位，与《规定》第八条的"城乡规划"专业的硕士、博士层次相应学位等同。

第八条 《规定》第八条的"建筑学学士学位（专业学位）"和"建筑学硕士学位（专业学位）"，是指根据国务院学位委员会颁布的《建筑学专业学位设置方案》，由国务院学位委员会授权的高等学校，在授权期内颁发的建筑学专业相应层次的专业学位，包括"建筑学学士"和"建筑学硕士"两个层次，不包括建筑学专业的工学学士学位、工学硕士学位以及"建筑与土木工程领域"的工程硕士学位。

"城市规划硕士学位（专业学位）"是指由国务院学位委员会授权的高等学校,在授权期内颁发的"城市规划硕士"专业学位。

第九条　符合注册城乡规划师职业资格报考条件的报考人员,按照当地人事考试机构规定的程序和要求完成报名,携带相关证件和材料到指定地点进行报名资格审查。审查合格后,核发准考证。参加考试人员凭准考证和有效证件在指定的日期、时间和地点参加考试。

中央和国务院各部门及所属单位、中央管理企业的人员按属地原则报名参加考试。

第十条　考点原则上设在直辖市和省会城市的大、中专院校或者高考定点学校。考试日期原则上为每年第四季度。

第十一条　坚持考试与培训分开的原则。凡参与考试工作(包括命题、审题与组织管理等)的人员,不得参加考试,也不得参加或者举办与考试内容相关的培训工作。应考人员参加培训坚持自愿原则。

第十二条　考试实施机构及其工作人员,应当严格执行国家人事考试工作人员纪律规定和考试工作的各项规章制度,遵守考试工作纪律,切实做好试卷命制、印刷、发送和保管等各环节的安全保密工作,严防泄密。

第十三条　对违反考试工作纪律和有关规定的人员,按照国家专业技术人员资格考试违纪违规行为处理规定处理。

附录6　全国一级注册建筑师资格考试大纲(2021年版)

一、设计前期与场地设计(知识题)

1.1　场地选择

了解上位规划及相关主管部门要求,能根据项目需要,收集和分析必需的设计基础资料,从技术、经济、社会、文化、环境保护、绿色和可持续发展等方面对场地利用作出分析和评价。

1.2　建筑策划

了解建筑策划的原理、程序、方法及要求,能协助建设单位制定项目定位与建设目标,能编制设计任务书,提出项目总体构想,包括:项目构成、建筑规模、环境保护、空间关系、交通组织、使用功能、结构选型、设备系统、专项统筹、经济分析、投资规模、建设周期、项目交付、项目运营等,为进一步深化设计提供依据,同时体现绿色和可持续发展理念,并符合相关法规、规范及标准的要求。

1.3　场地设计

理解场地设计的概念、目的、工作内容与深度要求,能根据场地的地形、地貌、气象、地质、交通情况、周边建筑、空间特征以及绿色建筑要求进行场地分析,解决好建(构)筑物布置、退界、日照、间距、道路交通、消防、安全、无障碍、停车、广场、竖向、管线及景观绿化等场地设计的问题,并符合相关法规、规范及标准的要求。

二、建筑设计(知识题)

2.1　建筑设计原理

系统掌握建筑设计基础理论、公共和居住建筑设计原理;掌握建筑类别、等级的划分及各阶段的设计程序及深度要求;熟悉建筑与环境、建筑与技术、建筑与人的行为方式的关系;了解绿色建筑的设计理论和相关知识;了解既有建筑改造的设计原则与方法。

2.2　建筑历史与理论

了解中外城市、建筑历史发展进程及规律;了解古代中外建筑与园林的主要特征和技术成就;了解近现代建筑的发展过程、理论、主要代表人物及其作品;了解历史建筑保护的基本原则与方法。

2.3　城市规划与设计

了解城市规划、城市设计和居住区规划设计的基础理论和相关知识;了解城市生态与可持续发展的基本理念;了解城市规划、城市设计和居住区规划设计经典案例;了解景观设计的基础理论和相关知识。

2.4　建筑设计规范、标准

掌握国家和行业现行建筑设计规范、标准;掌握安全、绿色和可持续发展的设计与技术要求。

三、建筑结构、建筑物理与设备(知识题)

3.1　建筑结构

3.1.1　结构力学

对结构力学有基本了解,对常见荷载、一般建筑结构形式的受力特点有清晰概念,能定性识别杆系结构在不同荷载下的内力图及变形形式。

3.1.2　结构性能与技术应用

了解混凝土结构、钢结构、砌体结构、木结构等结构的力学性能、结构形式及应用范围。

3.1.3　结构设计

了解多层、高层及大跨度建筑结构选型与结构布置的基本知识和结构概念设计；了解抗震设计的基本知识，以及各类结构形式在不同抗震烈度下的适用范围；了解天然地基和人工地基的类型及选择的基本原则；了解既有建筑结构加固改造、装配式结构及新型建筑结构体系的概念和特点。

3.2　建筑物理

3.2.1　建筑热工

了解建筑热工的基本原理和建筑围护结构的节能设计原则；掌握建筑围护结构保温、隔热、防潮的设计，以及日照、遮阳、自然通风的设计。能够运用建筑热工综合技术知识，判断、解决该专业工程实际问题。

3.2.2　建筑光学

了解建筑采光和照明的基本原理；掌握采光和照明设计标准；了解室内外光环境对光和色的控制；了解采光和照明节能的一般原则和措施。能够运用建筑光学综合技术知识，判断、解决该专业工程实际问题。

3.2.3　建筑声学

了解建筑声学的基本原理，掌握建筑隔声设计与吸声材料和构造的选用原则；掌握室内音质评价的主要指标及音质设计的基本原则；了解城市环境噪声与建筑室内噪声允许标准；了解建筑设备噪声与振动控制的一般原则。能够运用建筑声学综合技术知识，判断、解决该专业工程实际问题。

3.3　建筑设备

3.3.1　建筑给排水

了解冷水储存、加压及分配，热水加热方式及供应系统，太阳能生活热水系统；了解各类水泵房、消防水池、高位水箱等主要设备及管道的空间要求；了解建筑给排水系统水污染的防治措施；了解消防给水与自动灭火系统、排水系统、透气系统、雨水系统、中水系统和建筑节水的基本知识以及设计的主要规定和要求。

3.3.2　建筑暖通空调与动力

了解供暖的热源、热媒及系统，空调冷热源及水系统，可再生能源应用；了解机房（锅炉房、制冷机房、空调机房等）、主要设备及管道的空间要求；了解通风系统、空调系统及其控制；了解建筑设计与暖通、空调系统运行节能的关系；了解暖通、空调系统的节能技术；了解建筑防火排烟；了解暖通空调系统能源种类及安全措施。

3.3.3　建筑电气与智能化

了解建筑物供配电系统、智能化系统的基本概念；掌握变电所、柴油发电机房、智能化机房、电气和智能化竖井等的设置原则及空间要求；掌握照明配电设计的一般原则及节能要求；了解电气系统的安全防护、常用电气设备、建筑物防雷与接地的基本知识；了解电气线路的敷设要求；了解太阳能光伏发电等可再生能源技术的应用。

四、建筑材料与构造(知识题)

4.1　建筑材料

了解建筑材料的基本分类;了解各类建筑材料的物理化学性能、材料规格、使用范围;掌握常用建筑材料耐久性、适应性、安全性、环保性等方面的要求。

4.2　建筑构造

掌握建筑常用构造的原理与方法,能根据建筑使用功能、技术性能、维护维修及品质要求,正确选用材料和部品,合理采用构造与连接方式;了解建筑新技术、新材料在建筑构造中的应用及相关工艺的要求。

五、建筑经济、施工与设计业务管理(知识题)

5.1　建筑经济

了解建设工程投资构成。了解建设工程全过程投资控制,包括:策划阶段中,投资估算的作用、编制依据和内容,项目建议书、可行性研究、技术经济分析的作用和基本内容。设计阶段中,设计方案经济比选和限额设计方法;估算、概算、预算的作用、编制依据和内容。招投标阶段中,工程量清单、标底、招标控制价、投标报价的基本知识。施工阶段中,施工预算、资金使用计划的作用、编制依据和内容,工程变更定价原则。竣工阶段中,工程结算、工程决算的作用、编制依据和内容,工程索赔基本概念。运营阶段中,项目后评价基本概念。

了解工程投融资基本概念。

5.2　施工质量验收

了解建筑工程施工质量的验收方法、程序和原则;了解砌体工程、混凝土结构工程、钢结构工程、防水工程、建筑装饰装修工程、建筑地面工程等的施工工序及施工质量验收规范、标准基本知识。

5.3　设计业务管理

了解与工程勘察设计有关的法律、行政法规和部门规章的基本精神,了解绿色和可持续发展及全过程咨询服务等行业发展要求。熟悉注册建筑师考试、注册、执业、继续教育及注册建筑师权利与义务等方面的规定。了解施工招投标管理和施工阶段合同管理,了解建设工程项目管理和工程总承包管理内容,了解工程保险基本概念;了解建筑使用后评估基本概念和内容。了解设计项目招标投标、承包发包及签订设计合同等市场行为方面的规定;熟悉各阶段设计文件编制的原则、依据、程序、质量和深度要求及修改设计文件的规定;熟悉执行工程建设标准,特别是强制性标准管理方面的规定。了解城市规划管理、城市设计管理、房地产开发程序和建设工程监理的有关规定;了解对工程建设中各种违法、违纪行为的处罚规定。

六、建筑方案设计(作图题)

检验应试者的建筑方,案设计整体构思能力和综合判断与解决问题的应用能力,内容包括:场地设计(环境空间、交通组织、绿化布置、总平面布置等)、建筑平面布局及空间形态构成、相关专业技术的运用等。建筑方案设计应符合法规、规范、标准和考题任务要求。

全国一级注册建筑师资格考试
各科目名称、考试题型及考试时间表

序号	科目名称	考试题型	考试题型（小时）
一	设计前期与场地设计（知识题）	单项选择题	2.5
二	建筑设计（知识题）	单项选择题	3.5
三	建筑材料与构造（知识题）	单项选择题	2.5
四	建筑材料与构造（知识题）	单项选择题	2.5
五	建筑经济、施工与设计业务管理（知识题）	单项选择题	2.5
六	建筑方案设计（作图题）	作图题	6

附录 7 （2020 年）全国城乡规划师执业资格考试大纲

全国城乡规划执业资格考试科目为:《城乡规划原理》《城乡规划管理与法规》《城乡规划相关知识》《城乡规划实务》。本考试大纲对各考试科目分层次列出了具体的内容,分别用掌握、熟悉、了解来界定各条目的考试要求。"掌握"是指必须具备的重要知识,"熟悉"是指应当具备的较重要知识,"了解"是指一般知识。在《城乡规划实务》科目中,"掌握"是指考生必须具备的专业能力。

一、城乡规划原理

《城乡规划原理》作为一门理论性考试科目,内容是关于城市与城市发展的知识,城乡规划学科的知识,城乡规划体系的知识,城市用地与空间布局的知识,城乡规划编制的知识,城乡规划实施的知识。本科目考核的是应试人员所具备的城乡规划理论知识的状况,包括对城市发展及城乡规划学科的基础理论的具备程度,以及对城乡规划编制、实施等有关的专业理论的具备程度。

1.城市与城市发展

1.1　城市的形成与发展规律

1.1.1　了解城市形成的主要动因

1.1.2　了解城市发展的基本规律

1.2　城市的物质构成、社会构成和产业构成

1.2.1　熟悉城市物质环境的构成要素以及相互关系

1.2.2　了解城市社会的基本特征及与农村社会的主要差别

1.2.3　了解城市产业构成及其演化趋势

1.3　城市社会经济发展与城市化的关系

1.3.1　掌握城市化的含义

1.3.2　熟悉城市化进程与经济发展的关系

1.3.3　熟悉城市化进程与社会发展的关系

1.4　城市与区域发展的一般规律

1.4.1　熟悉城市与区域的相互关系

1.4.2　熟悉区域城镇体系及城乡发展的一般规律

2.城乡规划学科的产生、发展及主要理论与实践

2.1　古代城乡规划思想

2.1.1　了解中国古代城市典型格局及其社会和政治体制背景

2.1.2　了解欧洲古代城市典型格局及其社会和政治体制背景

2.2　现代城乡规划的产生、发展及主要理论

2.2.1　了解现代城乡规划产生的历史背景

2.2.2　熟悉现代城乡规划的早期思想

2.2.3　熟悉战后城乡规划学科的主要理论发展

2.3　当代城乡规划主要理论和实践

2.3.1　了解当代城乡规划所面临的社会经济条件

2.3.2　熟悉当代城乡规划的主要理论或理念

2.3.3　熟悉当代城乡规划的重要实践

3.城乡规划的任务、体系及与其他规划的关系

3.1　城乡规划的作用和任务

3.1.1　掌握城乡规划的作用

3.1.2　掌握城乡规划的主要任务

3.2　城乡规划体系的基本概念

3.2.1　掌握城乡规划法规体系的基本概念

3.2.2　掌握城乡规划编制体系的基本概念

3.2.3　掌握城乡规划行政体系的基本概念

3.3　区域规划与城乡规划的关系

3.3.1　熟悉区域规划的基本概述及主要内容

3.3.2　熟悉区域规划与城乡规划的相互关系

3.4　国民经济和社会发展计划与城乡规划的关系

3.4.1　了解国民经济和社会发展计划的基本概念和主要内容

3.4.2　了解国民经济的基本指标、分项指标的主要内涵及对城市发展的意义

3.4.3　了解社会发展的基本要素及其与城乡规划的关系

3.5　城乡规划与土地利用总体规划、环境保护规划的关系

3.5.1　熟悉土地利用总体规划的基本概念、用地划分标准及与城乡规划的关系

3.5.2　熟悉城市环境保护规划的基本概念、主要内容及与城乡规划的关系

4.城市用地与空间布局

4.1　城市用地适用性评价方法

4.1.1　掌握城市用地的自然条件评价

4.1.2　掌握城市用地的建设条件评价

4.1.3　熟悉城市用地的经济评价

4.2　城市用地的构成和空间布局

4.2.1　掌握城市用地的构成

4.2.2　掌握城市用地布局的主要原则

4.2.3　掌握城市用地布局的主要模式

4.2.4　熟悉城市空间布局的艺术问题

5.城乡规划编制的内容和方法

5.1　城乡规划编制的任务和要求

5.1.1　掌握城乡规划编制的层次及各层次规划之间的相互关系

5.1.2　掌握各层次城乡规划编制的主要任务和基本要求

5.1.3　掌握城乡规划编制的基本原则

5.2　城乡规划的调查、分析和研究

5.2.1　掌握城乡规划中的调查内容和主要方法

5.2.2　熟悉城乡规划中的定性定量分析的常用方法

5.2.3　熟悉城乡规划中的研究工作及常用方法

5.3　城镇体系规划的内容和方法

5.3.1　掌握城镇体系规划的主要内容

5.3.2　掌握城镇体系规划的工作方法

5.4　城市总体规划的内容和方法

5.4.1　掌握城市总体规划纲要的主要任务和内容

5.4.2　掌握城市总体规划的主要任务和内容

5.4.3　掌握城市总体规划的成果要求

5.4.4　掌握城市总体规划编制的工作方法

5.4.5　掌握城市分区规划的作用和内容

5.5　城市详细规划的内容和方法

5.5.1　掌握详细规划的类型、作用和地位

5.5.2　掌握控制性详细规划的内容和编制方法

5.5.3　掌握控制性详细规划的成果要求

5.5.4　掌握修建性详细规划的内容和编制方法

5.5.5　掌握修建性详细规划的成果要求

5.6　城市综合交通规划的主要内容和方法

5.6.1　掌握城市综合交通规划的概念

5.6.2　掌握城市道路网规划及红线划示

5.6.3　了解城市交通的特征及交通调查的基本知识

5.6.4　熟悉城市交通及对外交通的主要设施及规划要求

5.6.5　熟悉城市交通政策的概念及制定原则

5.6.6　熟悉城市公共交通的基本知识

5.7　城市市政公用设施工程规划的主要内容

5.7.1　熟悉城市市政公用设施工程规划的基本知识

5.7.2　熟悉城市工程管线综合规划的基本知识

5.7.3　熟悉竖向规划的基本知识

5.7.4　熟悉城市防灾系统规划的基本知识

5.8　城市绿化景观系统规划的主要内容

5.8.1　熟悉城市绿化系统的组成

5.8.2　熟悉城市绿化系统规划的任务和内容

5.8.3　熟悉城市景观系统规划的主要内容及规划原则

5.9　城市历史文化遗产保护规划的主要内容

5.9.1　熟悉城市历史文化遗产保护的意义

5.9.2　熟悉历史文化名城保护规划的基本内容

5.9.3　熟悉历史街区保护规划的基本内容

6.城乡规划的实施

6.1　城乡规划实施的目的与作用

6.1.1　熟悉城乡规划实施的基本概念

6.1.2　熟悉城乡规划实施的目的与作用

6.2　城乡规划的实施与公共行政的关系

6.2.1　熟悉城乡规划的实施与公共政策及政府行政职能的关系

6.2.2　熟悉城乡规划行政行为与其他公共行政行为的关系

6.2.3　了解行政区划的有关知识

6.3　城乡规划实施的机制和原则

6.3.1　熟悉城乡规划实施的行政机制

6.3.2　熟悉城乡规划实施的财政机制

6.3.3　熟悉城乡规划实施的法律机制

6.3.4　熟悉城乡规划实施的经济机制

6.3.5　熟悉城乡规划实施的社会机制

6.3.6　掌握城乡规划实施的原则

二、城乡规划管理与法规

　　城乡规划是一项政府职能,必须依法行政。城乡规划从编制、审批到实施管理是一个有机的过程。注册城乡规划师应该具备城乡规划管理与法规方面的专业知识。《城乡规划管理与法规》科目包括三方面的内容:一是城乡规划管理基本知识;二是城乡规划管理的运作(城乡规划编制与审批管理、城乡规划实施管理和城乡规划实施的监督检查)的专业知识;三是城乡规划法规、政策和职业道德的有关知识。本科目考试的目的是,考核应试人员对行政管理学、行政法学相关知识的掌握情况;对城乡规划管理的目的、任务、原则、内容、方法和操作的知识的具备状况,对城乡规划法规、政策和职业道德的内容、实质等有关知识的具备状况。

　　1.城乡规划管理基本知识

　　1.1　行政管理学的有关知识

　　1.1.1　了解行政和行政管理的基本概念

　　1.1.2　熟悉行政机构和行政领导的基本概念

　　1.1.3　熟悉行政沟通的作用和原则

　　1.1.4　掌握提高行政效能的方法

　　1.2　行政法学的有关知识

　　1.2.1　了解法律的概念和行政法渊源

　　1.2.2　熟悉依法行政的意义

　　1.2.3　熟悉行政行为的内涵

　　1.2.4　掌握行政法治原则的基本内容

　　1.2.5　掌握行政主体、内容、程序和权限合法的内涵

　　1.2.6　熟悉行政合法性与合理性的关系

　　1.2.7　了解行政立法的意义、内容和基本要求

　　1.2.8　掌握行政责任和监督的基本内容

　　1.3　城乡规划管理的基本知识

　　1.3.1　熟悉城乡规划管理的概念

　　1.3.2　掌握城乡规划管理的目的和任务

　　1.3.3　掌握城乡规划管理的基本工作内容及其相互关系

1.3.4　掌握城乡规划管理决策优化及决策依据

1.3.5　掌握城乡规划管理控制及其过程

1.3.6　熟悉城乡规划管理的基本方法

1.3.7　熟悉城乡规划管理的基本原则

1.3.8　了解城乡规划管理的基本特征

2.城乡规划编制与审批管理

2.1　城乡规划组织编制管理

2.1.1　熟悉城市总体规划(含分区规划)和城市详细规划的组织编制主体

2.1.2　掌握城市总体规划(含分区规划)和城市详细规划的编制和报批程序

2.1.3　掌握城市总体规划(含分区规划)和城市详细规划的调整和报批程序

2.2　城乡规划审批管理

2.2.1　熟悉城市总体规划(含分区规划)和城市详细规划的审核和审批主体

2.2.2　掌握城市总体规划(含分区规划)和城市详细规划的审批程序

2.2.3　掌握城市总体规划(含分区规划)和城市详细规划的调整程序

2.2.4　掌握城市总体规划(含分区规划)和城市详细规划的审核内容和审核依据

2.3　城乡规划编制单位资质管理

2.3.1　了解各级城乡规划编制单位资质条件

2.3.2　了解各级城乡规划编制单位承担项目的内容

2.3.3　了解各级城乡规划编制单位资质审批程序

3.城乡规划实施管理

3.1　建设项目选址规划管理

3.1.1　熟悉建设项目选址规划管理的概念

3.1.2　掌握建设项目选址规划管理目的与任务

3.1.3　掌握建设项目选址规划管理内容与依据

3.1.4　掌握建设项目选址规划管理的程序及操作要求

3.2　建设用地规划管理

3.2.1　熟悉建设用地规划管理的概念

3.2.2　掌握建设用地规划管理的目的与任务

3.2.3　掌握建设用地规划管理的内容与依据

3.2.4　掌握建设用地规划管理的程序及操作要求

3.3　建设工程规划管理(含建筑、管线和市政交通工程)

3.3.1　熟悉建设工程规划管理的概念

3.3.2　掌握建设工程规划管理的目的与任务

3.3.3　掌握建设工程规划管理的内容与依据

3.3.4　掌握建设工程规划管理的程序及操作要求

3.4　历史文化遗产保护规划管理

3.4.1　熟悉文物保护单位、历史建筑保护单位、历史风貌地区和历史文化名城的概念

3.4.2　掌握历史文化遗产保护规划管理的意义

3.4.3　掌握历史文化遗产保护规划管理的原则与方法

3.4.4　掌握文物和历史建筑保护单位以及历史风貌地区保护规划管理的内容与依据

3.4.5　掌握文物和历史建筑保护单位以及历史风貌地区保护规划管理的程序及操作要求

3.5　城乡规划实施监督检查

3.5.1　熟悉城乡规划实施监督检查概念与意义

3.5.2　掌握城乡规划实施监督检查的任务

3.5.3　掌握城乡规划实施监督检查的特点与方法

3.5.4　掌握城乡规划实施监督检查的内容与操作要求

3.5.5　掌握查处违法用地和建设的程序及操作要求

4.城乡规划法规文件

4.1　城乡规划法治建设概况

4.1.1　了解我国城乡规划法治建设的历史演进

4.1.2　熟悉我国城乡规划法规体系框架

4.2　《中华人民共和国城乡规划法》

4.2.1　了解《中华人民共和国城乡规划法》立法背景

4.2.2　熟悉《中华人民共和国城乡规划法》的重要意义

4.2.3　掌握《中华人民共和国城乡规划法》内容和说明

4.3　《中华人民共和国城乡规划法》配套法规

4.3.1　掌握下列配套法规的主要内容：

《城乡规划编制办法》

《城镇体系规划编制审批办法》

《城市国有土地使用权出让转让规划管理办法》

《建设项目选址规划管理办法》

4.3.2　熟悉下列配套法规的主要内容：

《村庄和集镇规划建设管理条例》

《城建监察规定》

《城市地下空间开发利用管理规定》

《停车场建设和管理暂行规定》

《城乡规划设计单位资格管理办法》

4.4　城乡规划的技术标准、技术规范

4.4.1　熟悉下列技术标准、技术规范的主要内容：

《城市用地分类与规划建设用地标准》

《城市居住区规划设计规范》

《城市道路交通规划设计规范》

《城市工程管线综合规划设计规范》

《城市园林绿化规划设计规范》

《防洪标准》

《建设设计防火规范》

4.4.2　了解下列技术标准、技术规范的主要内容：

《城市排水规划设计规范》

《城市给水规划设计规范》

《城市供电规划设计规范》

《建筑设计规范》

4.5　城乡规划相关法律、法规

4.5.1　熟悉下列相关法律、法规的有关内容：

《中华人民共和国土地管理法》

《中华人民共和国环境保护法》

《中华人民共和国文物保护法》

《中华人民共和国城市房地产管理法》

《中华人民共和国水法》

《中华人民共和国军事设施保护法》

《中华人民共和国人民防空法》

《中华人民共和国广告法》

《中华人民共和国保守国家秘密法》

《城市绿化条例》

《风景名胜区管理暂行条例》

4.5.2　了解下列相关法律、法规的有关内容：

《中华人民共和国建筑法》

《中华人民共和国森林法》

《中华人民共和国公路法》

《中华人民共和国道路交通管理条例》

《基本农田保护条例》

4.6　行政管理法制监督法律

4.6.1　熟悉下列法律的主要内容：

《中华人民共和国行政复议法》

《中华人民共和国行政诉讼法》

《中华人民共和国行政处罚法》

4.6.2　了解《中华人民共和国国家赔偿法》的主要内容

5.城乡规划方针政策和职业道德

5.1　城市建设和规划的方针政策

5.1.1　掌握我国现行城市建设和城乡规划方针政策的主要内容

5.1.2　了解与城市建设和城乡规划有关的其他重要方针政策的主要内容

5.2　城乡规划行业职业道德

5.2.1　熟悉城乡规划行业特点

5.2.2　掌握城乡规划行业职业道德标准

三、城乡规划相关知识

城乡规划工作涉及方方面面,城乡规划理论具有多学科性的特征。《城乡规划相关知识》

考试科目涵盖了与城乡规划工作最为相关的 8 个方面的内容,即建筑学的知识、城市道路工程的知识、城市基础设施工程的知识、城市经济学的知识、城市社会学的知识、城市生态与城市环境的知识,以及信息技术的有关知识。本科目考试的目的是:考核应试人员的专业知识结构状况,即对建筑学、城市道路工程和城市基础设施工程的相关专业知识的具备程度,对城市经济学、城市地理学、城市社会学、城市生态和环境以及信息技术等领域的相关专业基础知识和一般知识的具备程度。

1.建筑学

1.1　各类建筑的功能组合及场地要求

1.1.1　熟悉住宅建筑、公共建筑及工业建筑的功能组合

1.1.2　熟悉场地条件的分析及平面、竖向设计要求

1.2　建设程序及设计阶段的工作要求

1.2.1　了解建设程序与项目策划

1.2.2　熟悉建筑方案设计、初步设计、施工图设计阶段的不同工作要求及图纸表达深度

1.3　建筑材料与结构的类型与适用情况

1.3.1　了解建筑结构的基本类型与特点

1.3.2　了解建筑结构的空间类型与特点

1.3.3　了解建筑材料与构造的基本知识

1.4　中外建筑史的基本知识

1.4.1　了解中国建筑史的基本知识

1.4.2　了解外国建筑史的基本知识

1.5　建筑美学的基本知识

1.5.1　了解对比与协调,比例与尺度等空间要素的基本知识

1.5.2　了解建筑色彩的基本知识

1.5.3　了解建筑与环境的艺术处理的基本知识

2.城市道路工程

2.1　城市道路规划设计

2.1.1　掌握道路断面设计的要求

2.1.2　熟悉道路平面及交叉口设计的要求

2.1.3　了解道路纵断面设计的要求

2.2　城市停车设施的规划设计

2.2.1　了解停车场的分类及停车特点

2.2.2　熟悉路边停车带的规划设计要求

2.2.3　掌握停车场和车库的规划设计要求

3.城市市政公用设施工程

3.1　城市市政公用设施(给水、排水、供电、燃气、供热、通信、环卫)工程规划

3.1.1　熟悉城市各项市政公用设施工程规划的主要内容

3.1.2　了解城市各项市政公用设施工程的容量预测与计算的基本方法

3.1.3　熟悉城市各项市政公用设施工程的主要设施规划布局的原则与要求

3.1.4　熟悉城市各项市政公用设施工程的网络构成与布置原则

3.2　城市工程管线综合规划及竖向规划

3.2.1　熟悉城市工程管线的分类与特征

3.2.2　熟悉城市工程管线综合布置的原则与要求

3.2.3　熟悉城市竖向规划的任务、内容与技术要求

3.3　城市防灾规划的基本知识

3.3.1　熟悉城市灾害的种类与防灾系统的构成

3.3.2　熟悉城市防灾规划的任务与内容

3.3.3　熟悉城市消防、防洪、抗震的设防标准

3.3.4　熟悉城市消防、防洪、抗震、防空设施的设置要求

4.城市经济学

4.1　城市经济学的一般知识

4.1.1　了解城市经济学的基本概念

4.1.2　了解城市经济学与城乡规划的关系

4.2　城市经济学的基本理论和应用

4.2.1　了解供需理论及其在城市问题研究中的应用

4.2.2　熟悉外部性经济问题

4.2.3　熟悉土地经济的有关理论

4.2.4　熟悉城市公共经济问题

4.2.5　了解城市与区域发展的经济分析

5.城市地理学

5.1　城市地理学的一般知识

5.1.1　了解城市地理学的基本概念

5.1.2　熟悉城市地理学与城乡规划的关系

5.2　城市地理学的主要理论和研究方法

5.2.1　了解城市地理学的主要理论

5.2.2　了解城市地理学的研究方法

6.城市社会学

6.1　城市社会学的一般知识

6.1.1　了解城市社会学的基本概念

6.1.2　了解城市社会学的主要理论

6.1.3　了解城市社会学的调查研究方法

6.2　城乡规划与城市社会问题研究

6.2.1　了解与城乡规划有关的主要社会问题

6.2.2　熟悉城市社会学与城乡规划的关系

7.城市生态与城市环境

7.1　生态及城市生态学的一般知识

7.1.1　了解生态学的概念、起源及研究内容

7.1.2　了解城市生态系统的构成要素

7.1.3　了解城市生态系统的功能

7.2　环境影响评价的内容

7.2.1　了解环境影响评价的目的

7.2.2　了解建设项目对环境的影响

7.2.3　了解预防或减少建设项目对环境影响的措施

7.3　城市环境保护的基本知识

7.3.1　熟悉城市环境质量的影响因素

7.3.2　熟悉城市中的主要污染源及其特点

7.3.3　熟悉城市环境保护的主要内容与主要措施

8.信息技术在城乡规划中的应用

8.1　地理信息系统及网络技术在城乡规划中的应用

8.1.1　熟悉地理信息系统在城乡规划中的应用

8.1.2　熟悉网络技术在城乡规划中的应用

8.2　计算机辅助设计技术在城乡规划中的应用

8.2.1　熟悉计算机辅助设计技术在城乡规划中的应用

8.3　遥感技术在城乡规划中的应用

8.3.1　了解常用遥感信息及图像解译的基本知识

8.3.2　了解遥感技术在城乡规划中的主要用途

四、城乡规划实务

城乡规划实务主要是指城乡规划方案的编制、规划及设计方案的审核、规划文件的拟定、管理案件的处理、建设工程竣工的规划验收、违法建设的查处等实际业务工作,是注册城乡规划师在不同的工作岗位上承担并应该掌握的业务工作。本科目考试主要考核应试人员的业务工作能力,包括综合运用专业知识的能力,理解和掌握法规、政策的能力,对规划问题的分析与综合能力,以及城乡规划的编制、评析能力和文字表达能力等。

1.城乡规划方案的编制与评析

1.1　城乡规划方案的编制

1.1.1　熟悉城镇体系规划方案的编制

1.1.2　熟悉城市总体规划方案的编制

1.1.3　掌握城市用地布局规划方案的编制

1.1.4　掌握控制性详细规划方案的编制

1.2　城乡规划方案的评析

1.2.1　熟悉城镇体系规划方案的分析和综合评析

1.2.2　掌握城市总体规划方案的分析和综合评析

1.2.3　掌握居住小区修建性详细规划的分析和综合评析

2.城乡规划文件的拟定

2.1　城乡规划编制任务书的拟定

2.1.1　熟悉控制性详细规划编制任务书的基本内容

2.2　城乡规划文本的拟定

2.2.1　掌握城市总体规划文本的格式与内容

附录8　注册城乡规划师职业资格考试大纲增补内容

自然资源部国土空间规划局关于增补注册城乡
规划师职业资格考试大纲内容的函

自然资空间规划函〔2020〕190号

各省、自治区、直辖市自然资源主管部门,新疆生产建设兵团自然资源局,各有关单位:

为深入贯彻党中央"多规合一"改革精神,进一步落实《中共中央 国务院关于建立国土空间规划体系并监督实施的若干意见》,推进注册城乡规划师职业资格考试与国土空间规划实践需求相适应,决定对注册城乡规划师职业资格考试大纲增补有关内容,经人力资源和社会保障部专业技术人员管理司审定,现予公布,并于2020年启用。

附件:考试大纲增补内容及相关文件清单

自然资源部国土空间规划局

2020年8月3日

考试大纲增补内容及相关文件清单

一、考试大纲增补内容

熟悉国土空间规划相关政策法规;

掌握国土空间规划相关技术标准;

了解国土空间规划与相关专项规划关系;

掌握国土空间规划编制审批及实施监督有关要求。

二、相关文件清单

中共中央 国务院关于建立国土空间规划体系并监督实施的若干意见

中共中央办公厅 国务院办公厅关于建立以国家公园为主体的自然保护地体系的指导意见

中共中央办公厅 国务院办公厅关于在国土空间规划中统筹划定落实三条控制线的指导意见

自然资源部关于全面开展国土空间规划工作的通知(自然资发〔2019〕87号)

自然资源部办公厅关于加强村庄规划促进乡村振兴的通知(自然资办发〔2019〕35号)

自然资源部关于以"多规合一"为基础推进规划用地"多审合一、多证合一"改革的通知(自然资规〔2019〕2号)

自然资源部办公厅关于国土空间规划编制资质有关问题的函(自然资办函〔2019〕2375号)

自然资源部办公厅关于印发《省级国土空间规划编制指南》(试行)的通知(自然资办发

〔2020〕5号）

自然资源部办公厅关于印发《资源环境承载能力和国土空间开发适宜性评价指南（试行）》的函（自然资办函〔2020〕127号）

自然资源部办公厅关于加强国土空间规划监督管理的通知（自然资办发〔2020〕27号）

附录9 中华人民共和国城乡规划法(2015年修正)

《中华人民共和国城乡规划法》于2019年4月23日第十三届全国人民代表大会常务委员会第十次会议《关于修改〈中华人民共和国建筑法〉等第八部法律的决定》第二次修正。

目 录

第一章 总则

第一条 为了加强城乡规划管理,协调城乡空间布局,改善人居环境,促进城乡经济社会全面协调可持续发展,制定本法。

第二条 制定和实施城乡规划,在规划区内进行建设活动,必须遵守本法。

本法所称城乡规划,包括城镇体系规划、城乡规划、镇规划、乡规划和村庄规划。城乡规划、镇规划分为总体规划和详细规划。详细规划分为控制性详细规划和修建性详细规划。

本法所称规划区,是指城市、镇和村庄的建成区以及因城乡建设和发展需要,必须实行规划控制的区域。规划区的具体范围由有关人民政府在组织编制的城市总体规划、镇总体规划、乡规划和村庄规划中,根据城乡经济社会发展水平和统筹城乡发展的需要划定。

第三条 城市和镇应当依照本法制定城乡规划和镇规划。城市、镇规划区内的建设活动应当符合规划要求。

县级以上地方人民政府根据本地农村经济社会发展水平,按照因地制宜、切实可行的原则,确定应当制定乡规划、村庄规划的区域。在确定区域内的乡、村庄,应当依照本法制定规划,规划区内的乡、村庄建设应当符合规划要求。

县级以上地方人民政府鼓励、指导前款规定以外的区域的乡、村庄制定和实施乡规划、村庄规划。

第四条 制定和实施城乡规划,应当遵循城乡统筹、合理布局、节约土地、集约发展和先规划后建设的原则,改善生态环境,促进资源、能源节约和综合利用,保护耕地等自然资源和历史文化遗产,保持地方特色、民族特色和传统风貌,防止污染和其他公害,并符合区域人口发展、国防建设、防灾减灾和公共卫生、公共安全的需要。

在规划区内进行建设活动,应当遵守土地管理、自然资源和环境保护等法律、法规的规定。

县级以上地方人民政府应当根据当地经济社会发展的实际,在城市总体规划、镇总体规划中合理确定城市、镇的发展规模、步骤和建设标准。

第五条　城市总体规划、镇总体规划以及乡规划和村庄规划的编制,应当依据国民经济和社会发展规划,并与土地利用总体规划相衔接。

第六条　各级人民政府应当将城乡规划的编制和管理经费纳入本级财政预算。

第七条　经依法批准的城乡规划,是城乡建设和规划管理的依据,未经法定程序不得修改。

第八条　城乡规划组织编制机关应当及时公布经依法批准的城乡规划。但是,法律、行政法规规定不得公开的内容除外。

第九条　任何单位和个人都应当遵守经依法批准并公布的城乡规划,服从规划管理,并有权就涉及其利害关系的建设活动是否符合规划的要求向城乡规划主管部门查询。

任何单位和个人都有权向城乡规划主管部门或者其他有关部门举报或者控告违反城乡规划的行为。城乡规划主管部门或者其他有关部门对举报或者控告应当及时受理并组织核查、处理。

第十条　国家鼓励采用先进的科学技术,增强城乡规划的科学性,提高城乡规划实施及监督管理的效能。

第十一条　国务院城乡规划主管部门负责全国的城乡规划管理工作。

县级以上地方人民政府城乡规划主管部门负责本行政区域内的城乡规划管理工作。

第二章　城乡规划的制定

第十二条　国务院城乡规划主管部门会同国务院有关部门组织编制全国城镇体系规划,用于指导省域城镇体系规划、城市总体规划的编制。

全国城镇体系规划由国务院城乡规划主管部门报国务院审批。

第十三条　省、自治区人民政府组织编制省域城镇体系规划,报国务院审批。

省域城镇体系规划的内容应当包括:城镇空间布局和规模控制,重大基础设施的布局,为保护生态环境、资源等需要严格控制的区域。

第十四条　城市人民政府组织编制城市总体规划。

直辖市的城市总体规划由直辖市人民政府报国务院审批。省、自治区人民政府所在地的城市以及国务院确定的城市的总体规划,由省、自治区人民政府审查同意后,报国务院审批。其他城市的总体规划,由城市人民政府报省、自治区人民政府审批。

第十五条　县人民政府组织编制县人民政府所在地镇的总体规划,报上一级人民政府审批。其他镇的总体规划由镇人民政府组织编制,报上一级人民政府审批。

第十六条　省、自治区人民政府组织编制的省域城镇体系规划,城市、县人民政府组织编制的总体规划,在报上一级人民政府审批前,应当先经本级人民代表大会常务委员会审议,常务委员会组成人员的审议意见交由本级人民政府研究处理。

镇人民政府组织编制的镇总体规划,在报上一级人民政府审批前,应当先经镇人民代表大会审议,代表的审议意见交由本级人民政府研究处理。

规划的组织编制机关报送审批省域城镇体系规划、城市总体规划或者镇总体规划,应当将本级人民代表大会常务委员会组成人员或者镇人民代表大会代表的审议意见和根据审议意见修改规划的情况一并报送。

第十七条　城市总体规划、镇总体规划的内容应当包括：城市、镇的发展布局，功能分区，用地布局，综合交通体系，禁止、限制和适宜建设的地域范围，各类专项规划等。

规划区范围、规划区内建设用地规模、基础设施和公共服务设施用地、水源地和水系、基本农田和绿化用地、环境保护、自然与历史文化遗产保护以及防灾减灾等内容，应当作为城市总体规划、镇总体规划的强制性内容。

城市总体规划、镇总体规划的规划期限一般为二十年。城市总体规划还应当对城市更长远的发展作出预测性安排。

第十八条　乡规划、村庄规划应当从农村实际出发，尊重村民意愿，体现地方和农村特色。

乡规划、村庄规划的内容应当包括：规划区范围，住宅、道路、供水、排水、供电、垃圾收集、畜禽养殖场所等农村生产、生活服务设施、公益事业等各项建设的用地布局、建设要求，以及对耕地等自然资源和历史文化遗产保护、防灾减灾等的具体安排。乡规划还应当包括本行政区域内的村庄发展布局。

第十九条　城市人民政府城乡规划主管部门根据城市总体规划的要求，组织编制城市的控制性详细规划，经本级人民政府批准后，报本级人民代表大会常务委员会和上一级人民政府备案。

第二十条　镇人民政府根据镇总体规划的要求，组织编制镇的控制性详细规划，报上一级人民政府审批。县人民政府所在地镇的控制性详细规划，由县人民政府城乡规划主管部门根据镇总体规划的要求组织编制，经县人民政府批准后，报本级人民代表大会常务委员会和上一级人民政府备案。

第二十一条　城市、县人民政府城乡规划主管部门和镇人民政府可以组织编制重要地块的修建性详细规划。修建性详细规划应当符合控制性详细规划。

第二十二条　乡、镇人民政府组织编制乡规划、村庄规划，报上一级人民政府审批。村庄规划在报送审批前，应当经村民会议或者村民代表会议讨论同意。

第二十三条　首都的总体规划、详细规划应当统筹考虑中央国家机关用地布局和空间安排的需要。

第二十四条　城乡规划组织编制机关应当委托具有相应资质等级的单位承担城乡规划的具体编制工作。

从事城乡规划编制工作应当具备下列条件，并经国务院城乡规划主管部门或者省、自治区、直辖市人民政府城乡规划主管部门依法审查合格，取得相应等级的资质证书后，方可在资质等级许可的范围内从事城乡规划编制工作：

（一）有法人资格；

（二）有规定数量的经相关行业协会注册的城乡规划师；

（三）有相应的技术装备；

（四）有健全的技术、质量、财务管理制度。

城乡规划师执业资格管理办法，由国务院城乡规划主管部门会同国务院人事行政部门制定。

编制城乡规划必须遵守国家有关标准。

第二十五条 编制城乡规划,应当具备国家规定的勘察、测绘、气象、地震、水文、环境等基础资料。

县级以上地方人民政府有关主管部门应当根据编制城乡规划的需要,及时提供有关基础资料。

第二十六条 城乡规划报送审批前,组织编制机关应当依法将城乡规划草案予以公告,并采取论证会、听证会或者其他方式征求专家和公众的意见。公告的时间不得少于三十日。

组织编制机关应当充分考虑专家和公众的意见,并在报送审批的材料中附具意见采纳情况及理由。

第二十七条 省域城镇体系规划、城市总体规划、镇总体规划批准前,审批机关应当组织专家和有关部门进行审查。

第三章 城乡规划的实施

第二十八条 地方各级人民政府应当根据当地经济社会发展水平,量力而行,尊重群众意愿,有计划、分步骤地组织实施城乡规划。

第二十九条 城市的建设和发展,应当优先安排基础设施以及公共服务设施的建设,妥善处理新区开发与旧区改建的关系,统筹兼顾进城务工人员生活和周边农村经济社会发展、村民生产与生活的需要。

镇的建设和发展,应当结合农村经济社会发展和产业结构调整,优先安排供水、排水、供电、供气、道路、通信、广播电视等基础设施和学校、卫生院、文化站、幼儿园、福利院等公共服务设施的建设,为周边农村提供服务。

乡、村庄的建设和发展,应当因地制宜、节约用地,发挥村民自治组织的作用,引导村民合理进行建设,改善农村生产、生活条件。

第三十条 城市新区的开发和建设,应当合理确定建设规模和时序,充分利用现有市政基础设施和公共服务设施,严格保护自然资源和生态环境,体现地方特色。

在城市总体规划、镇总体规划确定的建设用地范围以外,不得设立各类开发区和城市新区。

第三十一条 旧城区的改建,应当保护历史文化遗产和传统风貌,合理确定拆迁和建设规模,有计划地对危房集中、基础设施落后等地段进行改建。

历史文化名城、名镇、名村的保护以及受保护建筑物的维护和使用,应当遵守有关法律、行政法规和国务院的规定。

第三十二条 城乡建设和发展,应当依法保护和合理利用风景名胜资源,统筹安排风景名胜区及周边乡、镇、村庄的建设。

风景名胜区的规划、建设和管理,应当遵守有关法律、行政法规和国务院的规定。

第三十三条 城市地下空间的开发和利用,应当与经济和技术发展水平相适应,遵循统筹安排、综合开发、合理利用的原则,充分考虑防灾减灾、人民防空和通信等需要,并符合城乡规划,履行规划审批手续。

第三十四条 城市、县、镇人民政府应当根据城市总体规划、镇总体规划、土地利用总体规划和年度计划以及国民经济和社会发展规划,制定近期建设规划,报总体规划审批机关备案。

近期建设规划应当以重要基础设施、公共服务设施和中低收入居民住房建设以及生态环境保护为重点内容,明确近期建设的时序、发展方向和空间布局。近期建设规划的规划期限为五年。

第三十五条　城乡规划确定的铁路、公路、港口、机场、道路、绿地、输配电设施及输电线路走廊、通信设施、广播电视设施、管道设施、河道、水库、水源地、自然保护区、防汛通道、消防通道、核电站、垃圾填埋场及焚烧厂、污水处理厂和公共服务设施的用地以及其他需要依法保护的用地,禁止擅自改变用途。

第三十六条　按照国家规定需要有关部门批准或者核准的建设项目,以划拨方式提供国有土地使用权的,建设单位在报送有关部门批准或者核准前,应当向城乡规划主管部门申请核发选址意见书。

前款规定以外的建设项目不需要申请选址意见书。

第三十七条　在城市、镇规划区内以划拨方式提供国有土地使用权的建设项目,经有关部门批准、核准、备案后,建设单位应当向城市、县人民政府城乡规划主管部门提出建设用地规划许可申请,由城市、县人民政府城乡规划主管部门依据控制性详细规划核定建设用地的位置、面积、允许建设的范围,核发建设用地规划许可证。

建设单位在取得建设用地规划许可证后,方可向县级以上地方人民政府土地主管部门申请用地,经县级以上人民政府审批后,由土地主管部门划拨土地。

第三十八条　在城市、镇规划区内以出让方式提供国有土地使用权的,在国有土地使用权出让前,城市、县人民政府城乡规划主管部门应当依据控制性详细规划,提出出让地块的位置、使用性质、开发强度等规划条件,作为国有土地使用权出让合同的组成部分。未确定规划条件的地块,不得出让国有土地使用权。

以出让方式取得国有土地使用权的建设项目,建设单位在取得建设项目的批准、核准、备案文件和签订国有土地使用权出让合同后,向城市、县人民政府城乡规划主管部门领取建设用地规划许可证。

城市、县人民政府城乡规划主管部门不得在建设用地规划许可证中,擅自改变作为国有土地使用权出让合同组成部分的规划条件。

第三十九条　规划条件未纳入国有土地使用权出让合同的,该国有土地使用权出让合同无效;对未取得建设用地规划许可证的建设单位批准用地的,由县级以上人民政府撤销有关批准文件;占用土地的,应当及时退回;给当事人造成损失的,应当依法给予赔偿。

第四十条　在城市、镇规划区内进行建筑物、构筑物、道路、管线和其他工程建设的,建设单位或者个人应当向城市、县人民政府城乡规划主管部门或者省、自治区、直辖市人民政府确定的镇人民政府申请办理建设工程规划许可证。

申请办理建设工程规划许可证,应当提交使用土地的有关证明文件、建设工程设计方案等材料。需要建设单位编制修建性详细规划的建设项目,还应当提交修建性详细规划。对符合控制性详细规划和规划条件的,由城市、县人民政府城乡规划主管部门或者省、自治区、直辖市人民政府确定的镇人民政府核发建设工程规划许可证。

城市、县人民政府城乡规划主管部门或者省、自治区、直辖市人民政府确定的镇人民政府应当依法将经审定的修建性详细规划、建设工程设计方案的总平面图予以公布。

第四十一条　在乡、村庄规划区内进行乡镇企业、乡村公共设施和公益事业建设的,建设单位或者个人应当向乡、镇人民政府提出申请,由乡、镇人民政府报城市、县人民政府城乡规划主管部门核发乡村建设规划许可证。

在乡、村庄规划区内使用原有宅基地进行农村村民住宅建设的规划管理办法，由省、自治区、直辖市制定。

在乡、村庄规划区内进行乡镇企业、乡村公共设施和公益事业建设以及农村村民住宅建设，不得占用农用地；确需占用农用地的，应当依照《中华人民共和国土地管理法》有关规定办理农用地转用审批手续后，由城市、县人民政府城乡规划主管部门核发乡村建设规划许可证。

建设单位或者个人在取得乡村建设规划许可证后，方可办理用地审批手续。

第四十二条　城乡规划主管部门不得在城乡规划确定的建设用地范围以外作出规划许可。

第四十三条　建设单位应当按照规划条件进行建设；确需变更的，必须向城市、县人民政府城乡规划主管部门提出申请。变更内容不符合控制性详细规划的，城乡规划主管部门不得批准。城市、县人民政府城乡规划主管部门应当及时将依法变更后的规划条件通报同级土地主管部门并公示。

建设单位应当及时将依法变更后的规划条件报有关人民政府土地主管部门备案。

第四十四条　在城市、镇规划区内进行临时建设的，应当经城市、县人民政府城乡规划主管部门批准。临时建设影响近期建设规划或者控制性详细规划的实施以及交通、市容、安全等的，不得批准。

临时建设应当在批准的使用期限内自行拆除。

临时建设和临时用地规划管理的具体办法，由省、自治区、直辖市人民政府制定。

第四十五条　县级以上地方人民政府城乡规划主管部门按照国务院规定对建设工程是否符合规划条件予以核实。未经核实或者经核实不符合规划条件的，建设单位不得组织竣工验收。

建设单位应当在竣工验收后六个月内向城乡规划主管部门报送有关竣工验收资料。

第四章　城乡规划的修改

第四十六条　省域城镇体系规划、城市总体规划、镇总体规划的组织编制机关，应当组织有关部门和专家定期对规划实施情况进行评估，并采取论证会、听证会或者其他方式征求公众意见。组织编制机关应当向本级人民代表大会常务委员会、镇人民代表大会和原审批机关提出评估报告并附具征求意见的情况。

第四十七条　有下列情形之一的，组织编制机关方可按照规定的权限和程序修改省域城镇体系规划、城市总体规划、镇总体规划：

（一）上级人民政府制定的城乡规划发生变更，提出修改规划要求的；

（二）行政区划调整确需修改规划的；

（三）因国务院批准重大建设工程确需修改规划的；

（四）经评估确需修改规划的；

（五）城乡规划的审批机关认为应当修改规划的其他情形。

修改省域城镇体系规划、城市总体规划、镇总体规划前，组织编制机关应当对原规划的实施情况进行总结，并向原审批机关报告；修改涉及城市总体规划、镇总体规划强制性内容的，应当先向原审批机关提出专题报告，经同意后，方可编制修改方案。

修改后的省域城镇体系规划、城市总体规划、镇总体规划，应当依照本法第十三条、第十四条、第十五条和第十六条规定的审批程序报批。

第四十八条 修改控制性详细规划的,组织编制机关应当对修改的必要性进行论证,征求规划地段内利害关系人的意见,并向原审批机关提出专题报告,经原审批机关同意后,方可编制修改方案。修改后的控制性详细规划,应当依照本法第十九条、第二十条规定的审批程序报批。控制性详细规划修改涉及城市总体规划、镇总体规划的强制性内容的,应当先修改总体规划。

修改乡规划、村庄规划的,应当依照本法第二十二条规定的审批程序报批。

第四十九条 城市、县、镇人民政府修改近期建设规划的,应当将修改后的近期建设规划报总体规划审批机关备案。

第五十条 在选址意见书、建设用地规划许可证、建设工程规划许可证或者乡村建设规划许可证发放后,因依法修改城乡规划给被许可人合法权益造成损失的,应当依法给予补偿。

经依法审定的修建性详细规划、建设工程设计方案的总平面图不得随意修改;确需修改的,城乡规划主管部门应当采取听证会等形式,听取利害关系人的意见;因修改给利害关系人合法权益造成损失的,应当依法给予补偿。

第五章 监督检查

第五十一条 县级以上人民政府及其城乡规划主管部门应当加强对城乡规划编制、审批、实施、修改的监督检查。

第五十二条 地方各级人民政府应当向本级人民代表大会常务委员会或者乡、镇人民代表大会报告城乡规划的实施情况,并接受监督。

第五十三条 县级以上人民政府城乡规划主管部门对城乡规划的实施情况进行监督检查,有权采取以下措施:

(一)要求有关单位和人员提供与监督事项有关的文件、资料,并进行复制;

(二)要求有关单位和人员就监督事项涉及的问题作出解释和说明,并根据需要进入现场进行勘测;

(三)责令有关单位和人员停止违反有关城乡规划的法律、法规的行为。

城乡规划主管部门的工作人员履行前款规定的监督检查职责,应当出示执法证件。被监督检查的单位和人员应当予以配合,不得妨碍和阻挠依法进行的监督检查活动。

第五十四条 监督检查情况和处理结果应当依法公开,供公众查阅和监督。

第五十五条 城乡规划主管部门在查处违反本法规定的行为时,发现国家机关工作人员依法应当给予行政处分的,应当向其任免机关或者监察机关提出处分建议。

第五十六条 依照本法规定应当给予行政处罚,而有关城乡规划主管部门不给予行政处罚的,上级人民政府城乡规划主管部门有权责令其作出行政处罚决定或者建议有关人民政府责令其给予行政处罚。

第五十七条 城乡规划主管部门违反本法规定作出行政许可的,上级人民政府城乡规划主管部门有权责令其撤销或者直接撤销该行政许可。因撤销行政许可给当事人合法权益造成损失的,应当依法给予赔偿。

第六章 法律责任

第五十八条 对依法应当编制城乡规划而未组织编制,或者未按法定程序编制、审批、修改城乡规划的,由上级人民政府责令改正,通报批评;对有关人民政府负责人和其他直接责任人员依法给予处分。

第五十九条 城乡规划组织编制机关委托不具有相应资质等级的单位编制城乡规划的，由上级人民政府责令改正，通报批评；对有关人民政府负责人和其他直接责任人员依法给予处分。

第六十条 镇人民政府或者县级以上人民政府城乡规划主管部门有下列行为之一的，由本级人民政府、上级人民政府城乡规划主管部门或者监察机关依据职权责令改正，通报批评；对直接负责的主管人员和其他直接责任人员依法给予处分：

（一）未依法组织编制城市的控制性详细规划、县人民政府所在地镇的控制性详细规划的；

（二）超越职权或者对不符合法定条件的申请人核发选址意见书、建设用地规划许可证、建设工程规划许可证、乡村建设规划许可证的；

（三）对符合法定条件的申请人未在法定期限内核发选址意见书、建设用地规划许可证、建设工程规划许可证、乡村建设规划许可证的；

（四）未依法对经审定的修建性详细规划、建设工程设计方案的总平面图予以公布的；

（五）同意修改修建性详细规划、建设工程设计方案的总平面图前未采取听证会等形式听取利害关系人的意见的；

（六）发现未依法取得规划许可或者违反规划许可的规定在规划区内进行建设的行为，而不予查处或者接到举报后不依法处理的。

第六十一条 县级以上人民政府有关部门有下列行为之一的，由本级人民政府或者上级人民政府有关部门责令改正，通报批评；对直接负责的主管人员和其他直接责任人员依法给予处分：

（一）对未依法取得选址意见书的建设项目核发建设项目批准文件的；

（二）未依法在国有土地使用权出让合同中确定规划条件或者改变国有土地使用权出让合同中依法确定的规划条件的；

（三）对未依法取得建设用地规划许可证的建设单位使用划拨国有土地的。

第六十二条 城乡规划编制单位有下列行为之一的，由所在地城市、县人民政府城乡规划主管部门责令限期改正，处合同约定的规划编制费一倍以上二倍以下的罚款；情节严重的，责令停业整顿，由原发证机关降低资质等级或者吊销资质证书；造成损失的，依法承担赔偿责任：

（一）超越资质等级许可的范围承揽城乡规划编制工作的；

（二）违反国家有关标准编制城乡规划的。

未依法取得资质证书承揽城乡规划编制工作的，由县级以上地方人民政府城乡规划主管部门责令停止违法行为，依照前款规定处以罚款；造成损失的，依法承担赔偿责任。

以欺骗手段取得资质证书承揽城乡规划编制工作的，由原发证机关吊销资质证书，依照本条第一款规定处以罚款；造成损失的，依法承担赔偿责任。

第六十三条 城乡规划编制单位取得资质证书后，不再符合相应的资质条件的，由原发证机关责令限期改正；逾期不改正的，降低资质等级或者吊销资质证书。

第六十四条 未取得建设工程规划许可证或者未按照建设工程规划许可证的规定进行建设的，由县级以上地方人民政府城乡规划主管部门责令停止建设；尚可采取改正措施消除对规划实施的影响的,限期改正,处建设工程造价百分之五以上百分之十以下的罚款;无法采取改正措施消除影响的,限期拆除,不能拆除的,没收实物或者违法收入,可以并处建设工程造价百分之十以下的罚款。

第六十五条　在乡、村庄规划区内未依法取得乡村建设规划许可证或者未按照乡村建设规划许可证的规定进行建设的,由乡、镇人民政府责令停止建设、限期改正;逾期不改正的,可以拆除。

第六十六条　建设单位或者个人有下列行为之一的,由所在地城市、县人民政府城乡规划主管部门责令限期拆除,可以并处临时建设工程造价一倍以下的罚款:

(一)未经批准进行临时建设的;

(二)未按照批准内容进行临时建设的;

(三)临时建筑物、构筑物超过批准期限不拆除的。

第六十七条　建设单位未在建设工程竣工验收后六个月内向城乡规划主管部门报送有关竣工验收资料的,由所在地城市、县人民政府城乡规划主管部门责令限期补报;逾期不补报的,处一万元以上五万元以下的罚款。

第六十八条　城乡规划主管部门作出责令停止建设或者限期拆除的决定后,当事人不停止建设或者逾期不拆除的,建设工程所在地县级以上地方人民政府可以责成有关部门采取查封施工现场、强制拆除等措施。

第六十九条　违反本法规定,构成犯罪的,依法追究刑事责任。

第七章　附则

第七十条　本法自 2008 年 1 月 1 日起施行。《中华人民共和国城乡规划法》同时废止。

参考文献

［1］辛建华.试论建筑师的基本素质［J］.福建建筑,2004(3):30-32.

［2］李·W·沃尔德雷普.建筑设计师职业指南［M］.黄文丽,译.上海:上海人民美术出版社,2007.

［3］王早生.美国、英国建筑师事务所及建筑市场管理制度考察报告［J］.中国勘察设计,2005(4):15-18.

［4］陈坤周.建筑师应该提升修养和责任感［N］.中华建筑报,2010-09-04(7).

［5］张宏然.建筑师职业教育［M］.北京:中国建筑工业出版社,2008.

［6］杨成.试论建筑师的基本素质［J］.中国勘察设计,2002(7):29-30.

［7］关中美,许传阳.浅谈城乡规划师的职业道德建设［J］.山西建筑,2006(21):220-224.

［8］陈燕.一个美国城乡规划师的职业道德观——与美国持证城乡规划师学会前主席山卡赛先生一席谈［J］.城乡规划,2004(1):17-21.

［9］张庭伟.转型期间中国城乡规划师的三重身份及职业道德问题［J］.城乡规划,2004(3):64-67.

［10］郑时龄.建筑批评学［M］.北京:中国建筑工业出版社,2005.

［11］许晓峰,肖翔.建设项目后评价［M］.北京:中华工商联合出版社,1999.

［12］张三力.项目后评价［M］.北京:清华大学出版社,1998.

［13］辛桥.浅谈项目后评价方法［J］.山西建筑,2007(7):194.